有田先生の
おもしろ算数

有田八州穂
Arita Yasuho

1日10分の
パズルに挑戦

日本評論社

２０年ぐらい前，学級崩壊して「算数なんてウンザリだ！」と叫んで教室をとび出していった子どもたちに，算数の時間，かれらがこれまで出合った算数の問題とはチョッピリちがうつぎのような問題をやらせてみました。

　この算数はいつもとちがう〈**おもしろ算数**〉です。

マッチぼうパズル

マッチぼうで作った5つの正方形があります。マッチぼうを2本動かして，おなじ大きさの正方形4つにしてください。とりさっても，あまらせても，かさねてもいけません。

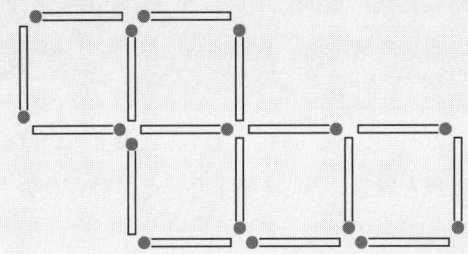

（原則として，答えは教えないのですが，ストレスがたまるといけませんから，この本では解答をうしろにのせます。）

　子どもたちは，パズルというと「あそびで算数ではない！」といいます。小さい子ほどそういいます。まじめなのか，頭が固いのか。

　つまり，いまの子どもたちは，小学校入学前から「算数＝計

算」という刷り込みができあがってしまっています。ですから，大学生になっても，なんかごちゃごちゃ計算すればできるのが数学であると勘違いしたままです。

子どもたちは，はじめは「6年生になってこんなことしていいのかなあ？」ととまどいながらも，夢中になってやりはじめます。

なぜかというと，「**正解を出すことにこだわるのではなく，自分の素の頭で考えること**」をうれしいと思っているわたしを意識してか，わたしの出す「おもしろ算数」に取り組むようになりました。

こういう成功譚をきくと，多くの教師が「どんな問題を出せば子どもたちが喜んで算数に取り組むか」と，「おもしろ算数問題さがし」に走るのですが，これは間違っています。

子どもたちがわたしを意識してくれたのは，じつは，「**わたしが子どものなにに関心を向けていたか**」なのです。つまり，「**ひとりひとりが自分で考える**」のに注目したわたしの姿勢に対してだったのです。

子どもたちはわたしが，誰にでもある「**考えるのはチョットどきどきするけれどおもしろいと感じるひとりひとりの〈身体知〉**」に目を向けたことを喜んでくれたのです。

それでも，3分たつと子どもたちは「答えをおしえて」とわたしのところにきます。ウルトラマンじゃないですが，いまの子どもたちは，考えることに3分ももたないのです。解くマニュアルを教えてもらいたがります。

けれど答えはすぐには教えません。少なくとも一週間は教えません。3分しかもたないイマドキの子どもにはかなりストレスになりますが，それでいいのです。子どもにマニュアルではわから

ない〈**小さな困難**〉をあたえるのが教育です。簡単に，手っ取り早く正解を出すマニュアルを教えるのが教育ではありません。

一週間後，Ｓ君が，「先生，わからなくて夜も寝られません。答えを教えてください！」といってきました。内心，〔こりゃあいいぞ〕と思いました。

絵本に出てくる〈おさるのジョージ〉は「興味」から知りたがるのですが，いまの子どもたちは，「マルというごほうび」がほしくて，〈**簡単に・早くできる・たったひとつの方法**〉を知りたがるのです。これは，悲しむべきことです。すくなくとも，〈**数学につながる算数**〉を学ぶ上では。

では，なぜ〔こりゃあいいぞ！〕なのかというと，子どもが「**自分の力で考えはじめるきざし**」が見えだしたからです。

むかしは，よくこういう類の「考えはじめると夜も寝られない体験」がありました。だから「地下鉄をどこから入れるか考えると，夜も寝られない」という漫才も理解できたのですが，イマドキの子はきょとんとしています。おもしろくもなんともない。そんな経験がないからです。

「**ある一つの問題を，自分の頭で必死になって考える**」ということは算数でこそ発揮できる力です。〈**算数の本質**〉がここにあります。

〈暗記していたやり方のひきだし〉から，ただひとつの答えの出し方を出してくるだけではないのです。

じつは，この〈身体知〉は，本来はだれでも備わっているはずなのです。

この〈身体知〉にかかわることを調べてみると，いかに人間はもともと動物だったということを思い知らされます。なんか，今の日本に住む人間が忘れかけていることのような気がします。

つまり,「**人間には，自分の生活を支え，自分で考える〈身体知〉がもともと備わっていた**」ということです。

　機械にかこまれ，バーチャルな世界をあたかも現実であるかのようにひたり，それにつき動かされている今の日本の社会にうすれつつある〈身体知〉です。

　多くの子どもたちが,〔早く・簡単に・たったひとつの解き方を〕もとめる〈功利的効率学習〉をいいことだと思っている気がします。

　「効率的に」は明治の機械文明が始まってから出てきた言葉ですが，その機械を生み出したヨーロッパにはもともと,〔効率〕に「早く・簡単に・たったひとつ」というとらえ方はなかったというべきではないでしょうか。

　英語の efficient は,「能力があって手際がいい」という意味です。それが，日本に科学の精神ぬきに機械だけを取り入れたことから,〔効率〕に〔功利性〕までもつけ加えてしまったようです。

　明治９年にドイツから日本にやってきて２９年間医者・科学者として日本の近代化を見てきた東大教授ベルツは，百年近く前の明治３４年の『日記』にこう書いています。

　　「西洋の科学の起源と本質に関して日本では，しばしばまちがった見解がおこなわれているように思われる。

　　ひとびとはこの科学を，年にこれこれだけの仕事をする〔機械〕，どこかたやすく他の場所へたやすく運んで，そこで仕事をさせることのできる〔機械〕と考えている。それは誤りだ。

　　西洋の科学の世界はけっして機械ではなく，ひとつの有機体であって，その成長には他のすべての有機体と同様に

一定の気候，一定の大気が必要である。
　　…日本ではいまの科学の〔成果〕のみをうけとろうとし，
　　…この成果をもたらした〔精神〕を学ぼうとしない」(『日
　　記』明治34年11月21日)(〔　〕は筆者)

　いま〈東日本大震災〉をへて，機械文明のもろさ・危うさの中で，「どう科学を学んだらいいのか考え直しが始まっている」ように思うのですがどうでしょう？
　明治以来の科学学習の未熟さ・科学精神のなさが，いま〈つけ〉となって現代の日本にまわってきているというのは言い過ぎでしょうか。
　わたしは，この本のテーマを，「**ふかいいことを　おもしろく学ぶ算数**」と，敬愛する井上ひさしさんのことばから勝手にお借りしました。
　いま，求められていることはまさにこの学びだと思うからです。

　わたしは，学校に入る前の子どもと親のための雑誌にたのまれて，「学校に入るまでに学んでおくこと」という文を書くことがあります。
　そのとき，思い出すのが，日本で初めて数学のノーベル賞といわれるフィールズ賞をとった小平邦彦先生の『ボクは算数しか出来なかった』(岩波現代文庫)に書かれていた文です。

　　「自分ではおぼえていないが，母の話によると，私は幼い
　　ときから数に特別な興味を示し，繰り返し豆を数えて遊ん
　　でいたという」

いま早期教育がいわれ，早くから計算や字を教えないと取り残されてしまうと思っているお母さんも多いでしょう。この世界的な数学者のエピソードを読めば，少しほっとするのではないでしょうか。

　クリエイティヴな発想をするのに，**特別な早期教育なんていらないんです**。早くからコンピュータを使いこなしていなくても，いや，かえってデジタルな世界でない**アナログ世界に十分遊んで〈身体知〉を育てておくこと**のほうが大事であることを小平先生の育ちは物語っています。小平先生は「電卓をいくらうまく使いこなせたとしても，電卓を作る人にはなれない」ともいっています。先のベルツの「科学の精神がない機械使用は危うい」と同じことでしょう。

　では，具体的にはどうすることかというと，まず，この頃の子どもをつぎのようなものであるととらえておきます。

　小さい頃は，いわば「動物の世界に生きている」と思ったほうがいいし，動物的な身体能力に優れているのです。つまり，「**数をかぞえて〔分析的にわかる〕世界に生きているのでなく，量的に〔直感的にわかる〕世界に生きている**」のです。子どもも，量の世界のほうが安心して自分の能力が出せるのです。

　それは身体を通して学んでいきます。くれぐれもゲームを通したバーチャルな体験ではないことを，心しておいてください。

　現代は，生まれたときから，そういう機械やバーチャルなものに囲まれているのでそれが皮膚感覚になっているからわからないかもしれませんが，じつは，「1＋1＝2」というのは非常に抽象度の高い概念なのです。

　そういう抽象度の高い計算の結果だけを享受させる体験を小さ

いうちからおこなうことは大変危険です。

　小さいうちに，この，具体から抽象に移っていく過程を少しずつ学んでいくのです。

　受動的な抽象度の高い視覚刺激だけを継続的に受けてきた人間は，正解反応しかとらなくなるようですし，現実に立ち向かっていく意欲が減退していくようです。子どもたちを見ていてもそう感じます。

　そこで，〈身体知〉を使ってつぎのような「遊び」（くれぐれも，ゲーム学習やプリント学習にならないように）を一緒にやるようにこころがけます。一緒に楽しむのです。

　鉛筆やサインペン，クレヨンなど（ボタンやタッチ式でない）かくものを使ってやる遊びをさせます。計算練習や字をかく練習にしないでください。

　＊お絵かき
　＊写し絵

　なんかこういうのだと，「就学前の基礎学力がつかない」，「百マス計算やプリント学習の方がいいのではないか」と考えるお母さんが多いかもしれませんが，じつは，これが大きなまちがいです。短期的には，そう見えることもありますが，長い目で見るとそうではないのです。

　「この頃の子は，絵が非常に下手で稚拙だ」ということを図工の先生がよくいいます。これも，早くからパソコンのお絵かきソフトのような受動的な絵に慣れていて，能動的に「見る・かく」という感覚を鍛えていないせいだと思われます。いまの学校では「写生」が以前ほどおこなわれなくなりました。理科で「自然のモノを観察する」ことも少なくなりました。

　この時期は，「楽に，早く」できることから少し遠ざけておく，

というのが大切です。単純だけど、辛抱強くつみあげて「仕上げていく」という体験が大切です。それが、「計算を辛抱強く積み上げていける〈身体知〉」につながります。

また、
*積木
*ブロック
*ジグソーパズル
*コマ
*おりがみ
*絵かき歌
*手遊び歌
*あやとり
*すごろく
*かるた・百人一首

などの、「昔からある、仲間といっしょにやる遊び」はじつは〈算数の身体知〉をつちかう上でとても大切なのです。

意識して、手を使う体験を豊富に持つことです。

先日、「ついに将棋の元名人にロボットが勝った」ことがニュースになっていました。じつは、ロボット学の最先端の研究者は、「人間にどこまで迫れるか」を一つの課題にしています。そして、ロボットの一番苦手なことは、人間の〈身体知〉にかかわることです。たとえば、「生卵を壊さず、落とさずにもちあげる」ことなどです。ということは、人間がロボットに駆逐されないようにするためには、本来もっている〈人間の身体知〉を十分育てておかなくてはいけないのです。

目次

1 年生 小学校低学年ではカラダを十分使って……1

1. たどりながら数える……3
2. ○,△,□,×……5
3. 答がいっぱい……7
4. 魔方陣……9
5. 図形あそび……11
6. 絵かきうた……13
7. ひろいもの……15
8. マッチぼうパズル……17
9. めいろ……19
10. あみだくじ……21
11. ひとふでがき……23
12. チーズきり……27

2 年生 2年生は4×3=12を具体的にイメージできること……31

1. 虫食い算……33
2. たし算……35
3. かけ算……37
4. もうすこしむずかしい魔方陣……41
5. 輪投げ……43
6. 文章を式であらわす……45
7. ロザモンドのかくれが……47

8　コインを外に……49

9　ご石動かし……51

10　たちあわせ……53

11　植木算……57

12　変なモノサシ……59

13　しきつめ……61

14　たし算をかけ算に変身させる……63

③年生　3年生の〔わり算〕こそが数学につながる……67

1　板チョコを分ける……71

2　わり算の意味……75

3　わり算ってなに?……77

4　昔のわり算問題「にわとりの卵」……81

5　いさん分け……85

6　2ばい,2ばい,…!……89

7　かけ算のふくめん算……93

8　四方陣……95

9　道のり……97

10　あおむし問題……99

11　マッチぼうパズル……101

12　時計の針……103

13　まるい池から考えた問題……105

④年生 数学への,新たな「10歳の壁」が……109

1. たしてもかけても……113
2. 年れい算ではなく… ……117
3. 米……119
4. 年れい算……123
5. 果物かご……127
6. 小数のしくみ……129
7. おこづかい……131
8. どういう計算になるか……135
9. くふうすれば計算できる……137
10. 畳しき……139
11. テトロミノ・ジグソーパズル……141
12. たちあわせ……143
13. 面積問題の基本……145

⑤年生 「数学のつまずき」の始まりは5年生から……149

1. 川渡り問題……153
2. ご石とりゲーム……155
3. つるかめ算……157
4. じゃんけんゲーム……161
5. 式を立てられますか?……163
6. 計算しない魔方陣……165
7. ご石を動かす……167
8. 切りばり……169

9　なぜだろう?……171
10　木はどこまでのびるか……175
11　外国の木はどこまでのびるか?……179
12　補助線を引いて考える……181
13　星形の角度……185

6年生　感じる〔算数〕から考える〔数学〕へ……189

1　卵はいくつ……191
2　夏の高校野球……195
3　じゅんかんバス……199
4　ブドウ酒わけ算……203
5　新聞紙を折る……207
6　キノコ狩り……212
7　この図形は?……217
8　アリの通り道……221
9　にせ金さがし……223
10　正面の人が犯人だ……225
11　100 m競走……229
12　切断パズル……233

チェックシート……237
おもしろ算数の参考文献……238

①年生

小学校低学年では
カラダを十分使って

学校に子どもがはいると，「乗り遅れまい」と，早くから子どもたちを学習塾や通信教育で学ばせる親がいます。

　それは，不安からきているのです。このままでいったら，「人生の落伍者になるのではないか」という不安です。

　そういうときこそ，あわてず**「子どもをよく見る」**ことです。「うちの子にとって今やっている学校の学習はひとりではとうていできないのか」よく見てみることです。

　多くの場合，ほとんどの子が「その必要はない」ことに気がつくはずです。

　よく見もしないで，すぐに，学習を〔外注〕に出すのは責任放棄です。それで，早くから学習塾にやっても一向に効果が上がらない例をこれまでたくさん見てきました。

　この時期の学習は，どこの国でも原則的に「家庭でおこなう」のが普通です。わからなければ，お母さんやお父さんがよく見てやるのです。

　ただ，算数といっても計算の答えを早く・正確に出せるだけではだめです。計算とともに，日常の量を数や図で体験することも大切な〈算数身体知〉を養うことになります。それも，遊びの中で。

　ここに，1年生でやってもいい，〔おもしろ算数〕をいくつかあげます。まず，大人が楽しんでやってみることです。自分が「これは，おもしろい」と思えば子どもたちをおもしろさに巻き込めます。

❶年生ではまず数が入ってきます。

　それまで，「量的に『多い・少ない』を感覚でつかんでいた」のを「抽象的な数を数えて『大小』がわかる」のです。

「すぐに計算をやろう！」とするのではなく,「数とはどんなものか」を身体感覚でわかるようにします。

むかし,階段でこんな遊びをした覚えはありませんか？「グ・リ・コ」「チ・ヨ・コ・レ・イ・ト」…とじゃんけんをしながら階段を上り下りする遊びです。（２３７ページのチェックシートに,「おもしろ算数」の問題ができた日にちを書き込んでいきましょう）

たどりながら数える

６だんの　かいだんを　「３だん　上がったら　２だん　さがる」ということを　くりかえしながら　のぼると, 一ばん　上のだんに　つくまでに, ぜんぶで　なんぽ　あるくことに　なりますか。(のぼりも　くだりも　あるいた数に　いれます)

1年生

答え

18歩

　むかし，すごろくや人生ゲームでは「たどりながら数える」ということをやっていました。じつは，そういう遊びをやるなかで「身体で数えるということを覚えていた」のです。

　いま子どもたちはこういうことを「めんどうくさい」と思うようになりました。

　また，「かんたんに答えが出せる攻略マニュアル」を求めます。そういうものを求めない身体をもつ子に育ってほしいのです。

　つぎのように実際に「たどって数えて」みます。このとき，「1・2・3，4・5（いちにいさんしいご）」と「数を声に出しながらたどる」ということが大事です。

　「すこし先取り学習をしている子」は，「5歩進むと1段上がるのだから，6段では5＋5＋5＋5＋5＋5＝30，または5×6＝30」と得意げにいいます。でも，間違っています。

　1＋1＝2という算数のきまりを「覚える」のは簡単です。し

かし，その抽象度は高いのです。だから，「誰もが個人差なく理解できる」のです。

この「**抽象性を具体的な個別性のレベルにもどすのが〈算数身体知〉**」なのです。

また，計算をすぐにやるのではなく，絵や記号であらわしてやしなう「算数感覚」も，いまの子どもたちに１年生のうちからつちかっておき，「そんなにすぐに計算することがいいことではないんだよ」というメッセージをあたえておくことも必要でしょう。

おもしろ算数 1年生-2

○，△，□，×

マスの なかに，「○，△，□，×」を，タテ，ヨコ，ナナメの どのれつにも 4しゅるいの マークが はいるようにします。のこりの あいている マスの なかに，マークを いれましょう。

答え

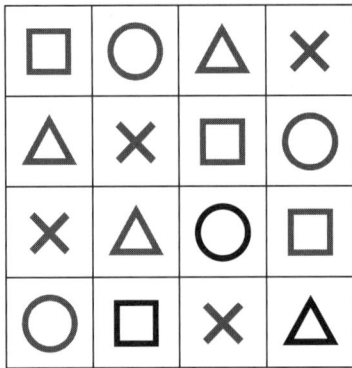

　〔数独〕というのがはやっていて，うちの父などボケ防止にやっていますし，イギリスでは毎朝通勤電車の中でやる老若男女が見られます。これは，一種の魔方陣みたいなものです。論理的な力をつけるのに，役立ちます。

　この問題は１年生用の「数独」です。

　「ここには　このマークしか　はいりようがない」という〈理詰め〉の力をつちかいます。１年生の子は「意識しない理詰め」をおこないます。いわば，〈動物的カン〉でやってしまうのですね。

　小さいうちに，「ことばでは説明できないけれどわかってしまう〈身体知〉」をつちかっていくことで，知らず知らずのうちに〈理詰め〉ができるようになっていくのです。

日本では計算でも算数文章題でも「正解が１つ」という問題が多いですね。外国では日本のように「１個の正解を求める」のでない、「考えさせる計算問題」があります。

答えがいっぱい

イギリスでおこなわれている　たし算です。□に入る　数字を　かんがえましょう。

答え

0＋9, 1＋8, 2＋7, 3＋6, 4＋5,
5＋4, 6＋3, 7＋2, 8＋1, 9＋0

　ある出版社の宣伝で，イギリスでは１個の答えを出すのではなく，「いろいろな答えが出る問題」を出す，といっていました。

　日本では算数の問題というと答えは１つです。こういう出題のしかたは，子どもたちに次のような態度を生み出します。

① なるべく早く出そうとする。

② 簡単に出せる方法を重んじる。

③ 出すマニュアルを覚えたがる。

　つまり，「考えない」のです。イギリスの問題の出し方のいいところは，子どもに「考えさせている」ところなのです。

　この答えは，１０通りあるのですが，意外と出ないのが，０＋９と９＋０です。

　「１個だけ答えを出す」より，こういうふうに「たくさん正解がある」という体験の方が数学的です。

　しかも，このなかには「数学的に大事な法則」がたくさん入っています。

　たとえば，「たし算は順番を変えても同じ答えになる」（「可換である」といいます）という，大事な法則です。

　また，「０はたしても答えは変わらない」（「単位元」といいます）がわかっているかどうかも，見ることができます。

　「１＋１＝２になる」というのは抽象度が高いということを話しました。「**抽象度が高い**」ということは，「**だれもが個人差なく**

理解できる」ということです。

「抽象度の高い算数を理解する」ということは、ひとりひとりが「数式を具体的に〈比喩〉でイメージ化する」ことです。

「算数を学ぶということは、抽象した数式や図を、個別に具体的にイメージ化できる」ということなのです。

だから、子どもたちに**「どうイメージをしているのかを披露させ」**なければならないのです。でないと、本当に理解できているかがわからないからです。

魔方陣（まほうじん）

魔方陣といわれるものです。マスに、1から9までの 数字を 1つずつ入れます。
ただし、どのタテ・ヨコ・ナナメをたした ごうけいも おなじになるようにしてください。

 答え

（1例として。答えは他にもあります）

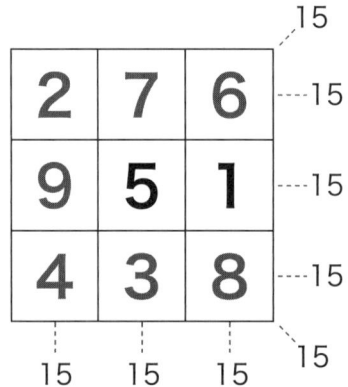

　この問題では，どの答えでも，まんなかは「5」になります。なぜでしょう？

　また，タテ，ヨコ，ナナメどこをたしても，合計が「15」になります。なぜでしょう？

　わたしの授業では，答えをすぐに教えることはしません。ヒントもあげません。まず「素手でやらせる」のです。

　なぜかというと，「考えて考えて，やっとわかった」ほうが，「解けたときの喜びが大きい」からです。

　この答えは，何通りもあります。解き方も，いろいろです。この魔方陣も，「**抽象した算数の文を個別化した具体的数であらわす**」という〈算数身体知〉を育てているのです。

1, 2年の頃は「数より図形こそ大事にしたい」ものです。図形の〈算数身体知〉は，低学年でこそもっとも発揮され伸びるも

のだからです。

　だからこそ，つぎのようなジグソーパズルやタングラム，しきつめなど，「楽しみながらの図形遊び」がもっとおこなわれなければいけません。

おもしろ算数 1年生-5　図形遊び

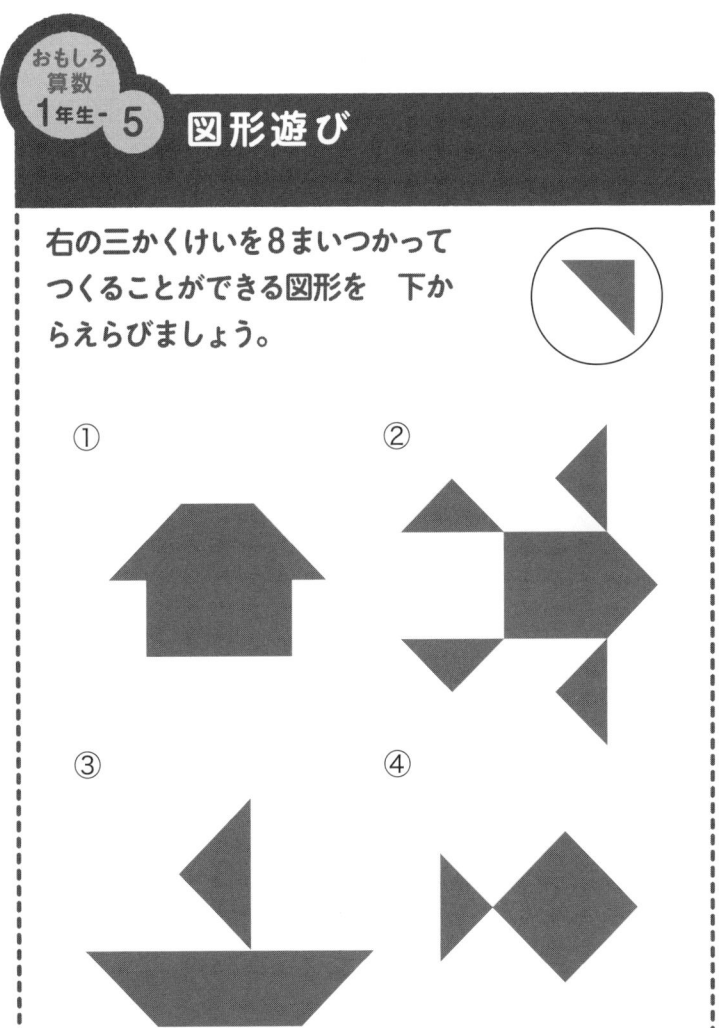

右の三かくけいを8まいつかってつくることができる図形を　下からえらびましょう。

① ② ③ ④

答え

① 8まい ② 9まい

③ 8まい ④ 5まい

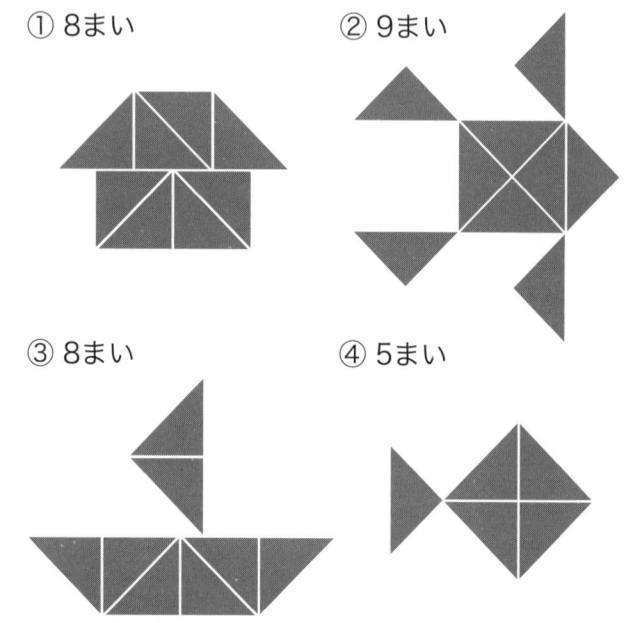

　お絵かきや積み木, ブロックなど実際に「形を動かす遊び」を小さい頃からあまりやっていない子どもは, こういう〔平面図形のしきつめ〕も苦手とすることが多いようです。

　やはり,「**実際に書いてみる・動かしてみる**」という,〔**力づく体験**〕は小さい頃からおこなわれなければ, 大きくなってから活きてはきません。バーチャルな視覚体験だけでは手が実際に動かない, 想像力がわいてこないのです。

小さい頃から, ゲームに慣れている子どもは,「何が正解か」という結果だけしか興味がわかない子になってしまいがちです。

それを支えているのが,「読み物ばなれ」です。算数も「途中をたどること」を意識させなければいけません。

それは,「文を読みこなして正確にあらわす」ということです。これは,「絵かき歌」として昔からよくおこなわれてきました。

絵かきうた

「絵かきうた」です。歌をよんで, どんな絵になるか あてましょう。

♫ さんちゃんが
♫ さんぽして
♫ 3円もらって　豆かって
♫ お口をとんがらかして
♫ バッテンかけば
♫ ぼく（　　　　）

①

②

③

④

⑤

答え

④ たぬき

「絵かき歌」は「手遊び歌」とならんで小さい頃の母親の記憶とつながっています。数学者の小平先生の「豆数え遊び」ではないですが，**一見数学とは関係ないように見える遊びのなかに〔算数身体知〕が隠れている**のです。

「絵かき歌」もそのひとつです。

まず，「**文章と図が結びついて**」います。そして，「**文章を論理的に読み解かないとかけない**」のです。

つぎは，なぜ和算が明治以降の日本人が西洋数学を取り込むのに役立ったかという例を，「ご石あそび」からひとつ。

算数というのは，「**抽象的な算数のきまり（文）を，個別に当てはめて解く**」学習だといいました。

その例である，江戸時代からおこなわれていた「ひろいもの」という庶民の遊びから問題を出します。

ひろいもの

ご石を，下のようにならべます。
そのご石を つぎのきまりで とっていきます。
① どこから とりはじめてもいいが，ごばんの線にそって，ご石を一つずつ，順番に とっていく。
② ななめにすすんだり，あいだの石をとばして とることはできない。
③ 石の ないところでは まがれない。
④ とりさった石のところは つうかできる。

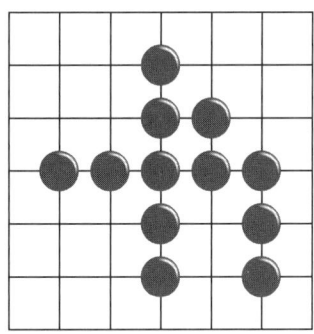

取り方はいろいろありますが1つの例として、つぎのような取り方が考えられます。

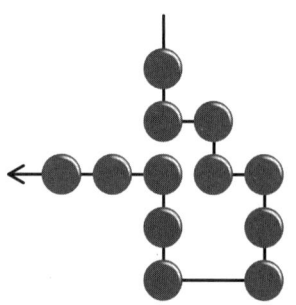

　この問題には、子どもに求められる2つの大事な〈算数身体知〉がふくまれています。

　それは、

1．抽象化した算数の文〔きまり〕が理解でき、この問題に個別化できること。

2．〔きまり〕に従って自分で問題を作れること。

昔からの遊びには、きまりの中に「算数の文章題」表現が含まれていました。将棋にしても、囲碁にしてもそうです。ですから、それを国語的に理解して個別の場合に適用して考えることが求められてきました。

　しかし、現代は「文字離れ」といわれているように、「ことばから具体的なイメージをわかせる」という訓練ができなくなっていますし、それを「遠回りで、面倒くさい」と感じるようになってきています。これも、子どもたちに〈算数身体知〉がなくなっ

ている一つの原因かもしれません。「数学は国語力だ」といわれるわけもここらへんにあるのでしょう。

最初に掲げたマッチぼうパズルもこのひとつです。「きまりを図でイメージ化する」訓練であるともいえます。

たとえば，マッチぼうパズルでもっと簡単な問題に，こんな問題があります。

おもしろ算数 1年生-8 マッチぼうパズル

この絵は，8本の マッチぼうで作った きんぎょです。
いま，このきんぎょは 右むきに およいでいますが，2本うごかして，下むきに およがせてください。
どううごかせば いいですか。

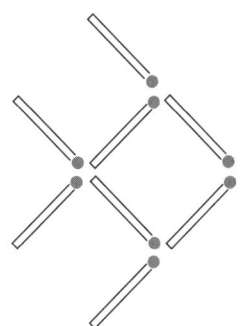

 **答え**

動かし方はいくつかありますが，たとえば

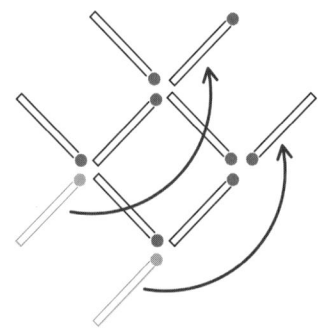

　最初に出したマッチぼうパズルの1年生版といったところでしょうか。「8本のマッチぼうの数を変えないで形だけ変える」という，〈同数変形〉です。

　この〈算数身体知〉は，先々4,5年生で習う「面積」の〈等積変形〉，また，中学の「式の変形」にもつながる大事な感覚です。

　こういう，先々につながる感覚を小さいうちから，攻略マニュアルでなく〈身体感覚〉としてつちかっておきたいものです。そうすれば，たとえ，子どもたちがよく口にする「まだ，やり方を教わっていません！」というゲームの〈攻略マニュアル〉のような「マニュアル信奉」でない，「自力で解決する力」を自分の身体につけていくようになります。

　この他に〈算数身体知〉を身につけるものに〔迷路〕があります。小さい子が実際にやる迷路ではなく，あくまでも，紙の上の抽象化された〔迷路〕です。

この迷路，なぜ〈算数身体知〉につながるかというと，「問題の中に算数的なきまり」が隠されているからです。

　「おもしろ算数」が良問かどうか見分けるのに，この**「問題の中に算数的なきまりがふくまれているかどうか」**の判断基準があります。

　この算数的なきまりは「解くマニュアルとして教えてもらうもの」でなく，何回か試行錯誤をくりかえしながら「自分で発見していく」ものなのです。

おもしろ算数 1年生-9　めいろ

つぎの　めいろを　入り口から出口まで　たどって　ください。

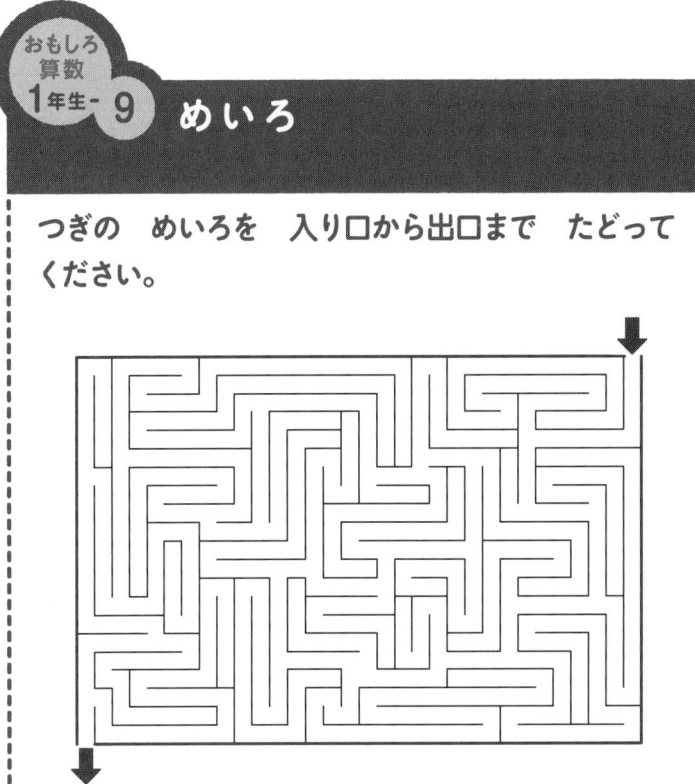

答え

　小さな子ほど，理屈でなく「**感覚的に道を見つけ**」ます。つまり，「道の先を見ながら」進んでいきます。これが，大人との差です。小さい子ほどこの〈直観的に見る感覚〉は鋭いようです。大人になるということは，「**この直観力を失っていくこと**」なのかもしれません。

　〈理屈で〉迷路を解き明かしてみましょう。

　迷路の平面図が分かっているときは，上下左右のうち「三方が囲まれているところ」（つまり，袋小路になってしまうところ）をぬりつぶしていけば，むだのない道がわかります。消していってまた「三方が囲まれているところ」があれば同じように消し，「必要な道が見えて」きます。たとえば，

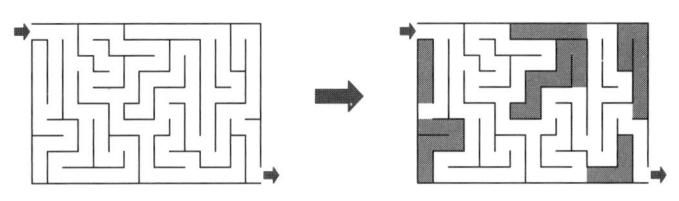

子どもはこの〈理屈〉を〈算数身体知〉でやってしまいます。そして，この動物的ともいえる〈感覚〉は磨かないとどんどん退化していってしまうのです。

つぎの問題は〔あみだくじ〕という，「選び方」の問題です。

おもしろ算数 1年生-10 あみだくじ

なわばしごを のぼって，上に 行けるのは だれ でしょう。（どのどうぶつも なわばしごを のぼれると します）

答え

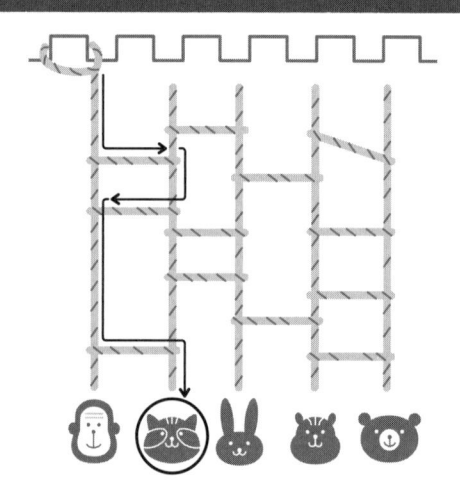

　じつは，このあみだくじ，不思議な数学的きまりがかくされています。

　その不思議な数学的なきまりを〈**対称性**〉といいます。

　今の子どもたちになくなってきているものに，「不思議だな？なぜだろう？」という感覚があります。疑問を感じないまま受け入れるのです。「自分の頭で考えられる子ども」に育つためには，やはり小さいうちから自分で「不思議だな，なぜだろう」と感じる〈算数身体知〉をつちかっておくことです。これが科学や数学に対する興味につながっていくのです。

　この〈対称性〉を見落とさず正しく把握することは数学的に重要です。というのは，〈対称性〉には，「思考の整理・節約のため」以上に「**問題の本質がそこにあらわれる**」ことが多いからです。

もうひとつ，子どもが夢中になる遊びに，「ひとふでがき」があります。

おもしろ算数 1年生-11 ひとふでがき

つぎの家の絵が〔ひとふでがき〕できますか。
〔ひとふでがき〕というのは，
① どこから　かきはじめても　いいけれど，とちゅう，えんぴつをはなさないで
② 二どがきせず（おなじせんを２ど通らない　点はいい）１回でぜんぶ　かき上げることです。

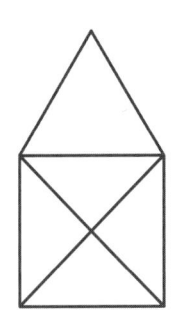

答え

できる。たとえば，つぎのように。

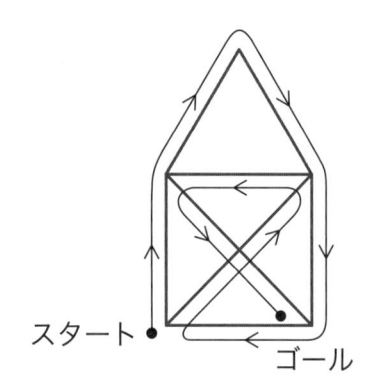

　学級崩壊を起こしていた子どもたちにこの問題をやらせたところ，ある男の子が，休み時間も給食準備中も，放課後も，手を真っ黒にしながら夢中になってやっていたことが印象的でした。

　その子に，「何がそんなにおもしろいの」ときいてみたら，「計算じゃないから」という答えがすぐに返ってきました。

　そうです，今の子どもたちは就学前から「計算に追われ」ているのです。ですから，何か問題を出すと，「まず考えてみる」ということをしないで，「出ている数字で，何か計算してみる」のです。そろばん好きだった日本の伝統でしょうか，算数＝計算が今の子どもたちにも残っています。

　問題を考えるのに，二通りあるようです。一つは，「力ずくでやろう」とするタイプ，もう一つは「きまりを見つけよう」というタイプ。

　図形問題は，この「力ずく」が通用しないので，計算好きな今

の子は，計算より苦手です。

子どもの場合，理屈抜きで「偶然できてしまう」ことが多いですね。それでいいのだと思います。理屈は後でついてきます。数学の歴史もそうでした。

この問題，もともとは１８世紀はじめにプロイセン王国の首都のケーニヒスベルグ（いまはロシア連邦カリーニングラード）のプレーゲル川にかかっていた「７つの橋を２度通らずにすべてわたってもどってこれるか」という問題からはじまっているそうです。

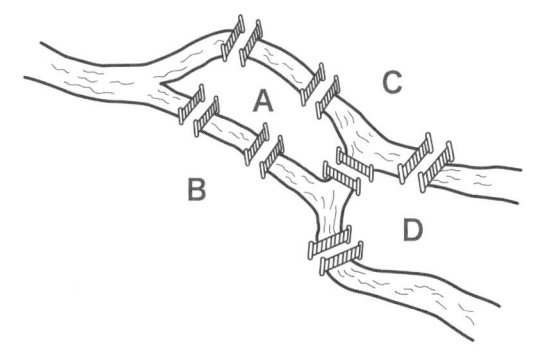

１８世紀のスイスの数学者オイラーは，この「ケーニヒスベルグの橋」の問題を，つぎのように〔抽象〕して考えました。

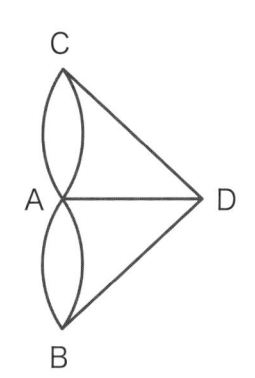

川で仕切られた4つの場所を点にかえて、線でつなぎました。
　つまり、「一筆書き」の問題と見たのです。そして、オイラーは、「一筆書き」の〔きまり〕を発見しました。それが、〔グラフ理論〕という新しい数学につながっていきました。
　この〔ひとふでがき〕の問題を給食も忘れて必死にやる子どもの姿を見て気がついたことがありました。
　それは、「算数はいつも正解があるわけではなく、ときには〈できない〉という結論になることもある」ということです。
　計算問題だけに慣れている子は、「正解意識」を異常なくらいもって育っています。そういう子に、「答えがない」とか「できない」とか「いくつも答えがある」というのは、許しがたいことでしょう。
　また、最近は〔早期教育〕の声とともに、小さいうちから、「正解意識」をもっています。
　ですから、そういう「計算正解意識」を、1年生ぐらいから「本来の身体的な感覚」にもどしてあげる必要があるのです。

❶年生はまだ計算は簡単なものしかできませんから、それこそ、逆に小さいうちに、「計算ではない問題」をやらせるのです。そして、**「計算じゃないものがおもしろい」**ということを味あわせておくのです。
　たとえば、次のような「チーズ切り」の問題など、高学年になるとかえって解けなくなります。こういうのを「コロンブスの卵」問題とわたしは呼んでいます。
　「コロンブスの卵」問題というのは、

　　アメリカ大陸を発見したコロンブスがだれかに「大陸発見

なんてだれでもできる！」と揶揄されたとき，「それならば生卵を立ててみよ」といい，みんなができないのをみて，卵の尻をつぶして立ててみせた。

という逸話から生まれた，「できてしまえば簡単と思うが，初めに気づいてやるのはむずかしい」という教訓です。

おもしろ算数 1年生-12 チーズきり

図のように チーズにほうちょうを 3かい いれると，かたちも大きさも おなじ8こに きりわけられます。では，ほうちょうを もう1かい いれて，おなじ16こに きりわけるには，どうしたらいいですか。

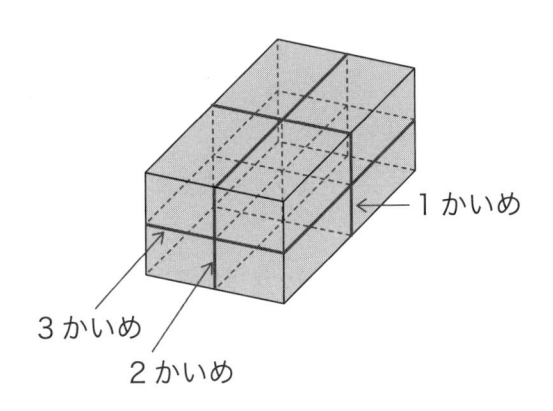

- 1かいめ
- 3かいめ
- 2かいめ

答え

「タテにつみあげて切る」 または，
「2段を1段にしてヨコに切る」 など

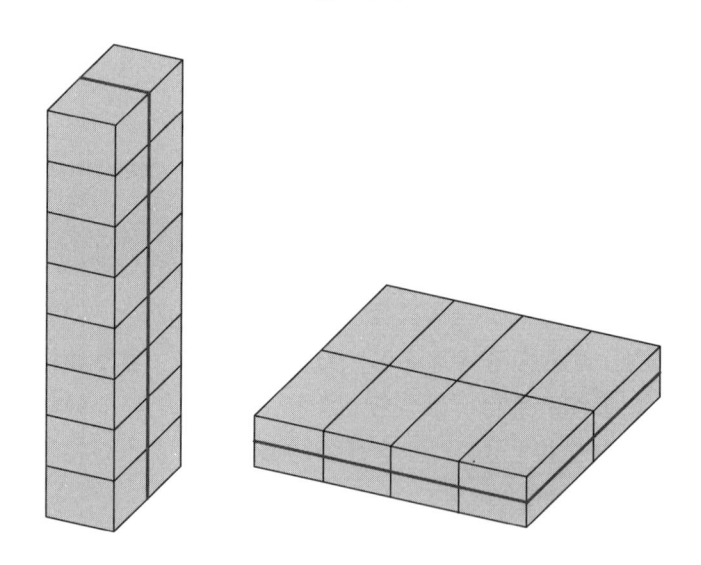

6年生がこの問題に意外と苦戦していました。ある子のちょっとしたつぶやきが，大きなヒントになりました。「このまま切らないといけないのかな」と。

こういう，「計算でないチョット考える問題」は昔の教科書には，出ていました。

たとえば，『尋常小學算術第一學年兒童用下』には，つぎのような「分ける」問題がでています。

おかあさん が,
「ふたり で たべ なさい。」
と いって, 大きな まんじゅう を
くださいました。
まんじゅう は, 一つ しか ありませ
ん。どう します か。

　わたしは, この算数の問題が計算の結果をきいているのではなく,「どう考えるか」とその子どもの「考えやイメージ」にふれた問いをしていることに注目します。

　わたしたちは, 子どもたちに, 算数というと,「結果や正解」をいつもきいているのではないでしょうか。そうすると, 子どもたちは,「正解」を気にしだします。いつも,「どうやったら正解が, 簡単に, 早くだせるか」ばかり気にするようになります。

　わたしは,〔おもしろ〕算数をやらせながら,〔おもしろ算数〕の不思議な力を感じています。

　子どもたちの表情を見ていると,〔おもしろ算数〕をやっているときに子どもたちの身体の中には,（私は医者でも, 脳科学者でもないのでよくわからないのですが）普通の算数をやっているときとはなにかちがう〔快感物質〕が流れているようです。

なにより,「解けなくともまたやりたい,考えてみたい」となっているのです。
　そして,「続けて考えよう」という粘り強く考える持続力を感じます。しかも,イライラしてやるのではなく,楽しそうなのです。
　算数は,なにより,楽しく学ぶものです。
　そして,私たち大人は子どものそういう「自分で楽しく学ぶ」琴線に触れてあげなければいけないのです。

②年生

2年生は4×3＝12を
具体的にイメージできること

1年生でくり返し〈算数身体知〉ということをいってきました。1年生の〈算数身体知〉が「**具体的に手を動かすこと**」だったり，「**唱えること**」だったり，「**数や絵をかくこと**」だったりしたのに対し，2年生では，もうすこし「**自分自身の手で抽象する**」こと，「**抽象したものを具体的にイメージしたり実際に適用したりする**」ことをしていくようになるのです。

　〈抽象〉というのは〔具体的なもの〕から「抜いて」（tract）「取り出す」（abs）ことです。たとえば，つぎの絵のように。

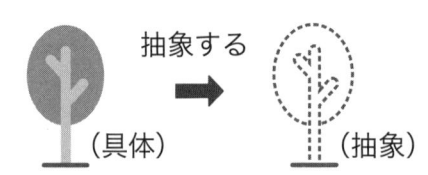

抽象する

（具体）　　　（抽象）

　具体的には，つぎのとおりです。

① 計算が**暗算**できるようになります。くり上がりのたし算，くり下がりのひき算が暗算できるようになります。

② たし算のくり返しがかけ算という新しい計算につながるという，**計算相互の関係がある**ことを知ります。そして，〈**式の変形**〉が理解でき，具体的にイメージ化できるようになります。

③ **かけ算を暗算**でいえるようになります。

④ いよいよ**量を抽象化した数の世界**にはいります。長さ，量，時間を抽象化した計算の対象として扱うことを理解し，現実生活の中で「**測ったり，計算したり**」できる〈**身体知**〉を求められます。

⑤ 平面図形を，**図形のきまりにしたがってかくことができる**ようになります。フリーハンドから**算数の道具を使ってかける**ようになります。

⑥ 文章から式を立てたり，図をかいたりする，〈**算数的翻訳**〉が

できるようになります。さらにその式や図を「**本質を変えないで変形させる**」ことを学びます。

まずは，たし算の〈虫食い算〉です。

〈虫食い算〉や〈ふくめん算〉は世界中でたのしまれてきました。こういう「**計算であそぶ**」という発想は最近ほとんどなくなってしまいました。なんか功利的になって「計算は正解を出すマニュアル」となってしまい，面白味がなくなってきました。「**もっと計算はたのしむもの**」です。

〈虫食い算〉や〈ふくめん算〉は，学年に応じてむずかしさを変えられます。2年生ではたし算のくり上がり，ひき算のくり下がりの考え方がわかっていればできます。

おもしろ算数 2年生-1　虫食い算

0から9までの数字を一度ずつ使って，たし算の式をつくります。2と4と6はすでに使っているので，それ以外の数字をア〜キにいれて，たし算の式を完成させてください。(エに0(ゼロ)は入りません)

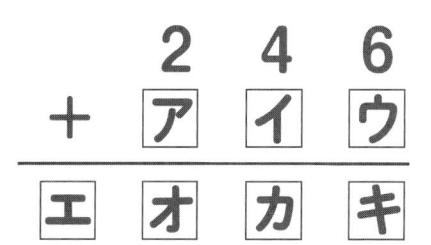

```
    2  4  6
+   ア イ ウ
─────────────
 エ オ カ キ
```

答え

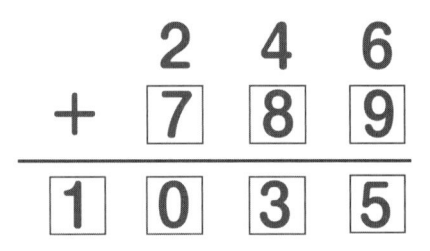

```
    2 4 6
+   7 8 9
─────────
  1 0 3 5
```

　2年生だと,「**わかるところから埋めていく**」のがいいでしょう。そのとき,「たし算のくり上がりのアルゴリズムをイメージ化して,**どこまで理詰めできめていけるか**」が勝負ですね。

① まず,2つの数のたし算でくり上がりは1以外ないので,エ＝1ときまります。

② すると,アには,7か8か9がきます。

　（1）アに9がくると,オには1か2がきてしまい,これはすでに出ているのでダメ。

　（2）アには7か8がきて,オは0ということがわかります。

　（3）アに8がくると,十の位からのくり上りがあってはいけないので,イは3か5がくることになります。しかし,どちらがきても残りのカ,ウ,キに数がうまくあてはまりません。そこで,アは7ということがわかります。

③ すると,イには8か9がきます。しかし,イに9がくると,カが4になってダメ。そこで,イは8ときまります。

④ イが8ときまれば,カは3となります。残りの5,9をキ,ウにあてはめます。

　じつはこの〈虫食い算〉,「計算で遊んでいる」だけじゃないん

です。「**アルゴリズムを具体的な数でイメージ化する**」という練習をしているのです。遊びの中で楽しんで。

これは、計算ドリルでたし算のくり上がりの計算練習を２０問やるよりずっといいでしょう。計算は「慣れてくると脳の血流はあまり流れない」といいます。

それにたいして、〈虫食い算〉は、自分で問題を作り、イメージ化しなければなりません。そういう意味では、より活発に脳を働かせなければならないのです。

計算練習もたとえば、つぎのようなパズルでやると、おもしろいし、頭もよく働かすことができます。

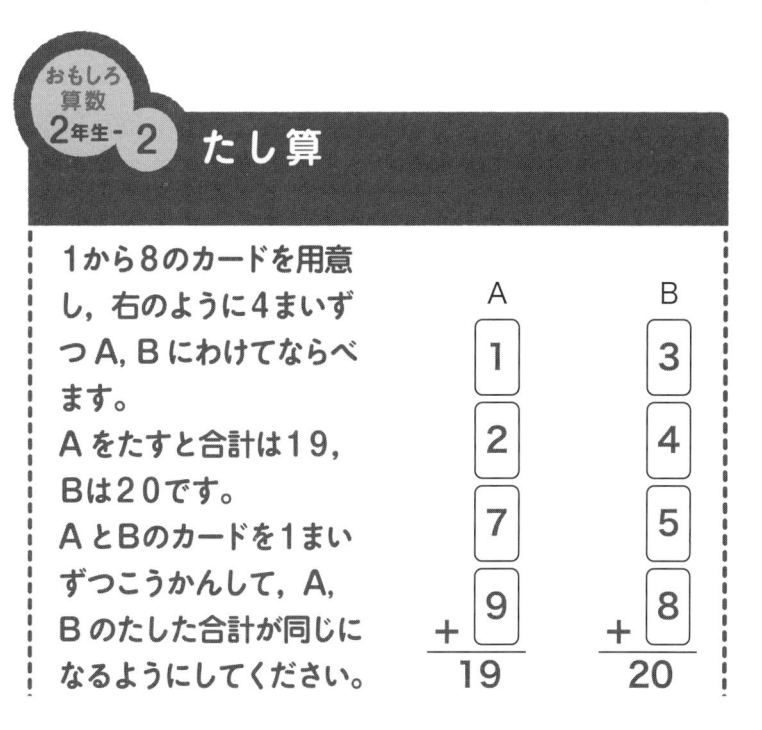

おもしろ算数 2年生-2 たし算

1から8のカードを用意し、右のように4まいずつA、Bにわけてならべます。
Aをたすと合計は19、Bは20です。
AとBのカードを1まいずつこうかんして、A、Bのたした合計が同じになるようにしてください。

A: 1, 2, 7, 9 → +19
B: 3, 4, 5, 8 → +20

> **答え**

8を（A）にもっていき，9をひっくりかえして6にして（B）にもっていく

　この問題，大人がやるとけっこうむずかしい。引っかかります。

　問題と絵がびみょうに違っているのに気づきますか。こういう**「びみょうな違いに気づく」**のも，大事な〈算数身体知〉です。この，「びみょうな違い」をさがすのは，子どもたちの得意技です。絵本『ウォーリーをさがせ』をじつに喜んで読みます。じつは，あれは，よい算数練習にもなっているんです。

　また，計算問題も暗算でやる練習をこのようにパズルでやらせると，子どもたちは，単純なくりかえしより，しんぼう強く，おもしろがって取り組みます。

　まず，6のカードをひっくり返して9のカードにして（A）にならべていることに気づかねばなりません。これに気づかないと時間がかかります。

　そのうえで力任せに，はじからやっていってもできるのですが，それでは，1年生と同じです。

　たし算も暗算で早くでき，しかも，「式を立てて考える」練習に入ったのですから，もうすこし数学的に考えます。

　まず，（A）と（B）の合計をいくつにしたらいいのか考えます。1＋2＋3＋4＋5＋6＋7＋8を暗算で出します。そうすると，6を9にひっくりかえさなければ，（A）と（B）を合わせた合計は36になります。（ちなみに，ひっくりかえした合計は39になって同じ数に分けることはできません。）これを暗

算で，2つの同じ数のたし算にします。これが，計算のイメージ化ですね。

これを「36を2つに分ける」と考えて，「分けるのは3年生からだからこの問題は2年生にはできない」と判断してしまう先生が多くいます。教科書の作り手もそうですね。

「世の中で起こることに計算で対処できるように」ということは，年齢に関係ありません。2年生は2年生なりに対処しなくてはなりません。わたしたち教員は，「その年齢なりに対処できる知恵をもたせよう」としなければなりません。ですから，「これは何年で習うからできる，できない」という**形式的呪縛から解放**されなければなりません。つまり，「**しなやかな考え方**」ですね。それこそ，〈算数身体知〉です。

それで，同じになる合計が18になるということがわかったら，あとはそう時間をかけずに答えにたどりつけます。

2年生の2学期から〈かけ算〉が初めて入ってきます。
まず教科書に出ている問題をやってみましょう。

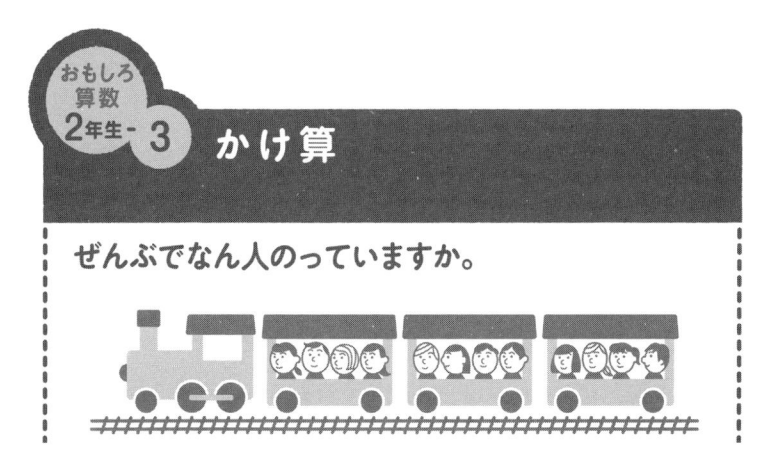

おもしろ算数 2年生-3　かけ算

ぜんぶでなん人のっていますか。

答え

12人

　これを解く式は，ほぼ１００％の先生が，「４×３でなければならない」といいます。あなたは，どう思いますか。

　なぜ「そうでなければならない」と先生が考えるかというと，教科書に，「この答えを出す式（これを〈**算数の文章**〉ということにします）は，（１つぶんのかず）×（いくつぶん）である」と例示され，誘導されているからです。

　これは数学的な態度ではありません。

　数学的に考えるとは，「もっと自由」なはずです。

　では，この問題を子どもたちにどう教えるかというと，原則は「最初から解答マニュアルを教えるということはしない」のです。子どもたちから「**引き出す**」のです。こちらは，子どもたちが出した考え方を，「**即座に数学的に判断できれば**」いいのです。

　たとえば，

　Ａくんが，「はじから，１，２，３，…，１２と数えていく」といいます。（「数え上げ」）

　Ｂさんが，「２，４，６，…，１２と数える」といいました。（「偶数の数え上げ」）

　Ｃくんは，「５，１０，と５のかたまりで数えて，あと，１，２と数える」といいました。（「５のかたまりで数える」）

　Ｄさんが，「４＋４＋４＝１２と出す」（「累加」）

　Ｅくんは，「４×３＝１２と出す」（「かけ算」）

というように。

ここで，多くの先生が「4×3というのはまだ習ってないからダメです」と一蹴します。勉強家のEくんはどう思うでしょう。

　授業での先生の役割は，「**子どもたちから出てきた考えを，うまく，数学的に交通整理する**」ことなのです。先取り学習していたEくんも悲しませてはいけません。

　ここで，数学史的な知識，「かけ算は累加からはじまった」をうまく使うのです。

　つまり，DさんとEくんのアイデアを結び付けるのです。「4＋4＋4＝4×3とあらわすんだよ」と。

　では，もしつぎのような式を出してきた子には，どう対応しますか。

　Fくんが，「3×4＝12でもいいんですか」といいます。

　Bさんが，「では，2×6＝12でもいいんですか」ときいてきました。

　Aくんがそれならとばかりに，「1×12＝12でもいいんですか」とききます。

　さらに，Cくんが，「それなら，5×2＋2＝12でもいいんですか」ときいてきました。

　式というのは，「**具体的なものから数や記号を使ってあらわす数学的文章**」です。

　このことを，2年生のこの時期にしっかり教えておきたいものです。「数学的文章として」間違っていなければ，それで合っているというべきではありません。ただ，Aくんの，「1×12という表現はあまり意味がない」というつけ加えもすべきです。ただほめればいいのではなく，きちんと，「数学的評価を正当にしてあげれば」いいのです。そうすれば，Aくんも満足します。むやみに，「ほめて育てればいい」と考えている人がいますが，そ

れはちがいます。「**子どもたちにピッタリとほめてあげる**」のです。

　わたしは，これまでの教科書にあるかけ算の教え方が原因で，日本の算数・数学の解き方が「極端なマニュアル暗記化」になっているのだと思っています。

　子どもたちも，先生も，「どこかに解き方が書いてあるからその通りにやればいい」と思ってしまっているのです。何も自分で考えなくともいいのです。

　ですから，高校生になっても，分厚い，ていねいでわかりやすい解答集にたよります。最近の数学の問題集は，問題よりも解答集の方がはるかに厚いのを知っていますか。そうしないと，売れないからです。

❶年生で三方陣をやりました。2年生では，「もうすこしむずかしい魔方陣」をやってみましょう。つぎの問題は，〈緑表紙〉の教科書の1年下！に出ていた問題です。むかしの教科書でも，こんな〔おもしろ算数〕をやっていました。

おもしろ算数 2年生-4 もうすこしむずかしい魔方陣

1年生では左のような一番簡単な三方陣をやりました。

このとき、つぎのようなきまりがわかっていました。

① まんなかにくる数字は5
② たした答えは15

さて、では、右のような三方陣に、2から10の9個の数を入れ、タテ、ヨコ、ナナメどこをたしても同じ数になるようにしてください。

8	3	4
1	5	9
6	7	2

	6	
	4	

答え

いくつかあるなかでたとえば，

3	8	7
10	6	2
5	4	9

　戦前の教科書〈緑表紙〉で１年生でどうして魔方陣が出ているのか考えてみると，「計算はただ問題の答えを出すための技術ではなく，計算でこんなふうにおもしろく遊ぶことができる」というのを子どもたちに伝えたかったのでしょう。

　算数というと，親も子どもも追い立てられるように「正解を早く出さなければ」と思いがちですが，じつは，もっと肩の力を抜いてこんなふうに遊んでみることです。特に，低学年のうちは，**「遊びのなかに算数があり，算数のなかに遊びがある」**のです。

　「算数の遊びには，かならず，きまりがある」ということを知り，「きまりを考えるのが算数なんだ」と理解しておきましょう。

　まず，１年生でやった三方陣のきまりを確認します。「まんなかにはかならず５がくる」こと，「たすと１５になる」ことです。

　そして，この三方陣で「どんなきまりにがあるか」出させます。

　① まんなかには，６がくる

　② たした答えは１８になる

というきまりがわかったらいろいろやらせてみるのです。そうす

ることで，ふだんの計算ドリルではあまりみられない，「たし算の暗算にたいする積極性」が見られるようになります。

❶年生では手を動かして具体的に考える〈身体知〉が大事でした。2年生は，少し違う形での〈算数身体知〉が求められます。

おもしろ算数 2年生-5　輪投げ

お祭りの夜店で輪投げ屋さんが出ていました。張り紙にはこうかかれていました。
- **投げるのは10回まで**
- **おなじところに何回入ってもかまわない**
- **合計点が100点でごうか景品**

さて，どう入れれば景品がもらえますか。

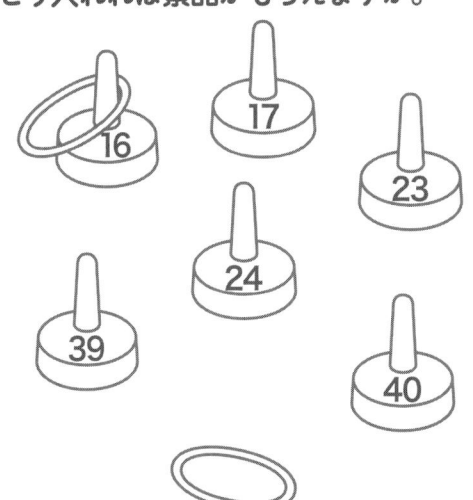

16　17　23　24　39　40

> **答え**

16に2回で32点。
17に4回で68点。
合計100点。

　これも順番に「**力づく**」でやっていくのがいいでしょう。大きい数から，使えるかどうかを，まず判断していきます。
　40：これは40でも80でも組み合わせようがないからダメ。
　39：これも同じ。
　24：24が1回だと残り76。残りの輪投げを組み合わせても76になるのはない。
　24が2回で残り52。これも組み合わせがない。
　24が3回で残り28で，これもダメ。
ということで，24も使えない。
　23：残りで77，54，31となる組み合わせはできないので，23もダメ。
　すると，残った16と17で100を作ることになります。それで，
　　16＋16＝32，　17＋17＋17＋17＝68
なので
　　32＋68＝100
ということになります。
　中学で方程式が文脈に沿ってきちんとたてられるようになるには，小学校で小さいうちからこのような力づくであっても「**具体的なものからきまりを見つけ出す**」〈算数身体知〉を自分のもの

としておかなければなりません。

ところで，子どもたちは，「あてカンでやる」といいます。

意味がわかりますか？「カンで当てる」ということです。面倒くさいことをやるくらいなら，「あてカンでやる」のです。

しかし，「あてカンがはたらく」ようになるには，「紙にさっと書いてすばやく計算して考え」るような〈算数身体知〉をきたえる必要があるのです。

2年生からは，「文章題」をやることが多くなります。多くの子どもが「計算は好きだけれど，文章題は嫌い」といいます。なぜかというと，「文章を読むのがめんどうくさい」のと「**文章を式に変えるのに慣れていない・問題の解き方がマニュアル化している**」からでしょう。

「ワークテストの紙に，〈わり算〉と書いてあるからわり算の式にする」というようなものです。「**文章の意味を読み取ろうとしない・読み取るのが苦手**」なのです。

計算だけならできるけど…，文章題の中に出てくると解けない…というような子どもにはつぎの問題をやらせてみてください。

おもしろ算数 2年生-6　文章を式であらわす

人形の入ったはこを118cmのタンスの上にのせると高さが170cmになりました。その人形のはこを本だなの上にのせると130cmでした。
本だなの高さは何cmですか。

答え

78cm

この問題，5年生にやらせてもできない子が多くいます。計算問題で，

170－118＝52, 130－52＝78

はできても，「**文章からこの式にたどりつく**」ことができないのです。

こういう問題で，私は子どもたちに，

「**すぐに計算をはじめないで，この様子を絵で思い浮かべてごらんなさい**」

といいます。

思い浮かべたら，こんどは式を立てる前にそれを，

「**かんたんな図であらわしてみる**」

ようにいいます。たとえば，つぎのようにです。

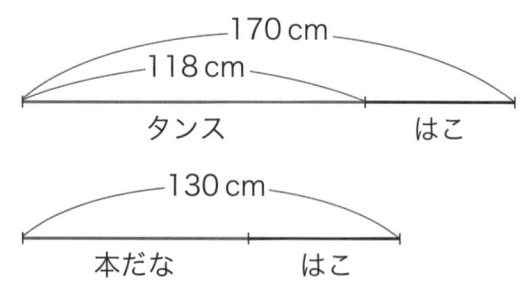

```
        ─170 cm─
     ─118 cm─
 ├──────────┼──────┤
     タンス      はこ

       ─130 cm─
    ├──────┼──────┤
       本だな    はこ
```

こうすれば，「**大きさが視覚的によくわかる**」のです。

じつは，こうして線の図であらわすと，「**問題文の算数化＝式化**」にすぐにたどりつけます。

いまの子どもたちが，この「図をかく手間をめんどうくさがる

こと」は残念なことです。

　この「**文章を図であらわしてみる**」というのは，「**文章を式に翻訳する**」前の大事なステップです。

つぎの〔迷路〕はむずかしいです。イギリスのパズル作家デュードニーが考えた『ロザモンドの隠れ家』という迷路です。

おもしろ算数 2年生-7　ロザモンドのかくれが

イギリスの王様ヘンリー2世がロザモンドというプリンセスを，つぎのような〔迷路〕のまんなかのかくれがにとじこめました。ここにまわりからたどりつく道を見つけてください。

答え

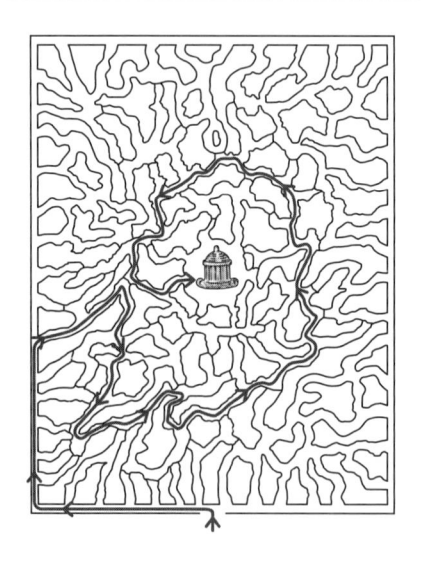

　答えは，上のとおりですが，これを問題のとおり「まわり道から行こう」とするのはむだですね。「まんなかの〔かくれが〕から逆にはじめた方がいい」ということに気づきますか。こういう**「逆の発想を持つ」**ことも，〈算数身体知〉です。

　そのうえで，あとはやはり**「手を2つ使いながら考える」**のです。よく，「じっと眺めているだけ」の子もいますが，こういう子はなかなか決断ができずだんだんイヤになってしまいます。もっと，**「積極的にからだを使う」**ことを嫌がらないことです。

　簡単にできてしまう子に「どうしてわかったの？」ときくと，**試行錯誤**しながら**「なんとなくこっちの方だっていうニオイがするの！」**などというのです。

　「なにをふざけたことを…」と思われる方もいますが，じつは，

試行錯誤をくりかえし〈形的算数身体知〉がついた子には,「こちの方」というニオイがするようなのです！

ですから,「数学が苦手だ」と思い込んでいる皆さんも,**手の試行錯誤をおそれずに**やっていると,いつのまにかこのような〈算数身体知〉がついてくるのです。

なぜかというと,問題を解くのにマニュアルを思い出すのではなく試行錯誤しながら自力でやっていると,**自力で解くときに得られる〔快感物質〕**が体内に分泌されてくるのです。

同じようにつぎの「マッチぼう問題」も子どもたちが好きな問題のひとつです。

おもしろ算数 2年生-8 コインを外に

マッチぼうを組んでつくったチリトリのなかに,ごみが1こ入っています。ここから,マッチぼうを2本だけうごかして,ごみをチリトリの外に出してください。ただし,チリトリの形がくずれたり変わったりしてはいけません。

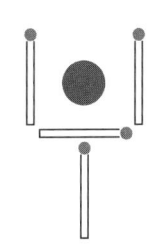

答え

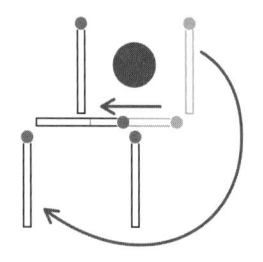

　3本動かすのならいいのですが，2本となると難しい，しかも，形を変えてはいけないとなると…？

　意外とできないのがこの問題です。「2本ともつまみあげて別の場所に移す」「完全に動かす」という先入観が働くのでしょうね。

　こういう「**先入観や思い込みから解放されること**」も大事な〈算数身体知〉です。

　キーポイントは「半分だけ動かす」という思いつきができるかどうか。これは，「今あるものを利用する」のと組みになった考え方です。

またちょっとちがった図形の問題に「ご石うごかし」があります。これは，世界中で似たような種類の問題が出されているようです。

　前の問題もそうですが，これも机の上に碁石をならべて「**実際にためして**」みてください。

　じつは，子どもたちに少なくなっているものが，「実際にやっ

てみる」という体験なのです。

　1年生は遊びの中で図形体験をしてきました。

　2年生では少し抽象化した「**疑似体験**」ですね。ただ，「**実際にモノを動かしてやってみる**」のです。

おもしろ算数 2年生-9　ご石動かし

10個のご石をつぎのように三角形にならべます。これをできるだけ少ない数だけご石を動かして，三角形をさかさまにしてください。

答え

動かし方はいろいろありますが，ひとつの例として

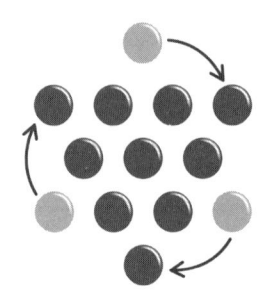

ゲームに慣れているせいか，多くの子どもたちが「実際にやってみることをいやが」ります。じっと見て考えているのです。ちょっと考えてわからないとイヤになってしまい，考えることそのものをやめてしまいます。

実際にやってみる手間をめんどうくさがっては，「**見ただけで見えてくる〈算数身体知〉**」はつきません。くりかえし実際にやってみて初めて，「**やらなくても見えてくる**」ようになるのです。囲碁や将棋のプロに「次の一手」が見えてくるのと同じです。

❷年生で初めて図形としての長方形や正方形という名前が出てきます。

教科書では，「身のまわりで正方形，長方形になっているものを見つけましょう」という問題が出ます。

しかし，これは図形というものについての認識を誤らせます。

この「…見つけましょう」の問題では，「ない」というのが数学的に正しい答えでしょう。厳密にいえば，「正方形らしい，長

方形みたいな形」はあっても,「現実の世の中に正方形・長方形になっているものはない」というのが,数学的な真実でしょう。

そこまで,厳密に子どもたちにいわなくても,大人はそういう厳密さは頭において図形を教えないと,中学・高校に行っても,**「数学的に説明する」**(「定義」といいます)ということがどういうことなのかまったくわからないままになってしまいます。

つぎの問題は,和算に昔からある「裁ちあわせ」というパズルで,『尋常小學算術第二學年下』〔緑表紙〕に出ていた問題です。計算とはちがう種類のむずかしさです。

おもしろ算数 2年生-10 たちあわせ

2枚の正方形のいろがみがあります。
これをどれも4つに切って下のような正方形に
ならべてください。

答え

つぎのとおり，2つの正方形をそれぞれ4等分し，それを組み合わせると下のような正方形になります。

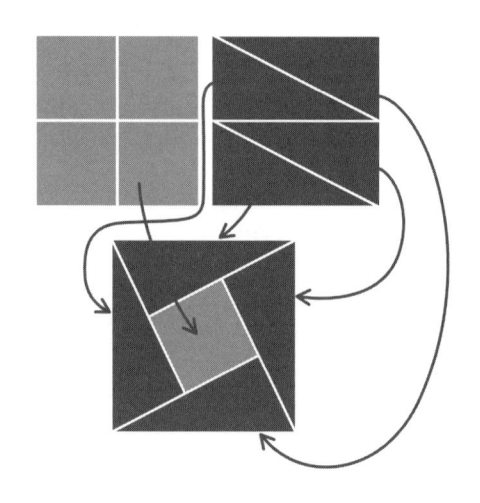

　こういうのは，以前は，〔折り紙〕や〔切り絵〕などでよくやったのですが，いま，〔七夕かざり〕もふくめあまりやらなくなりました。

　こういう〔図形遊び〕が少なくなっています。これも，小さいうちに〔算数身体知〕をつちかう上ではよくないことです。算数が，ますます「計算に特化して」しまいます。

　今の子どもは，何でも計算でやろうとします。上のような問題でも。

　昔は，このような問題を計算によらないでやることの方がむしろ多かったのです。たとえば，〔測量〕なども，計算によらないでこういう〔等積変形〕によって単純化するというようなことも

ありました。

そこから,〔幾何〕が生まれてきたのです。

じつは,この問題を出した〔緑表紙〕の作者は,この問題の中に,知ってか知らずか大変有名な数学の定理を隠しているのです。気づきましたか。数学を専門にしている人だとすぐに気づきます。

この問題には,あの有名な〔ピタゴラスの定理〕がかくれているのです。それは,つぎの図を見ればわかりますね。

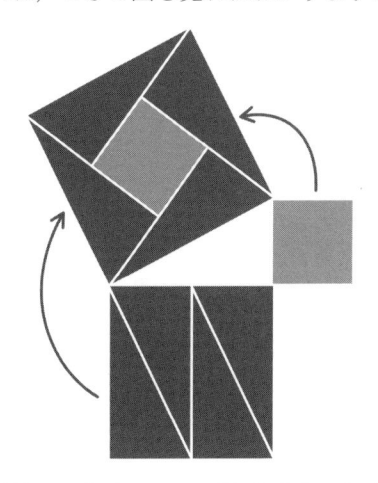

つまり,小学校の2年生でこの〔たちあわせ〕をやりながら,中学3年生の数学につながることをやっているのです。それが当時からわかってやっているとしたら,すごいことです。

すくなくとも,こういう「〔**たちあわせ**〕のような〈**算数身体知**〉が,つぎの〈**数学**〉**につながっていく**」ということはわかっていたのでしょう。

ところで,ある研究会で,教員養成の大学の先生が学生に,「正方形は長方形ですか？」ときいたところ,１００％！「ちがう」と答えた,とききました。

これは、「定義」がわかっていない学生が先生になるということを意味しています。わかっていない先生が子どもたちに図形を教えたらどうなるか想像できるでしょう。

　このことで、学生を責めることはできません。なぜかというと、小学校の教科書に「正方形と長方形はちがいます」と出ているからです。「この知識が何の修正も加えられないまま大学生になっている！」という事実こそが問題なのです。

　〈図形〉というのは、〈数〉よりはるかに古くからあります。日常の大きさを量であらわしているので、「直観的に理解しやすい」のです。だから、多くの子どもが、「計算より図形の方がわかりやすい」といっています。じつは、こうした大きな誤解があるので、さっきのように小学生のときの理解が大人になっても持ちこされてくるのです。

　図形というのは、「**直観的にわかりやすそうに思えるからかえってムズカシイ**」のです。

　日本では江戸時代に〈和算〉という「おもしろ算数」が盛んでした。それは、そろばんの計算とはまたちがった、前の問題の〔たちあわせ〕のようなパズル的な問題でした。

　日本で、明治維新になって西洋数学をわりとすんなり受け入れられたのはこういう〈和算〉が広く楽しまれ、〔算額〕（江戸時代に額や絵馬に数学の問題や解法を記して、神社や仏閣に奉納したもの）などみんなが「数楽を楽しんで」いたからではないかと思います。

　戦後は、その〈和算〉を学校算数でもいくつか取り上げていたのですが、最近は、やることが増えたのかほとんど取り上げられません。そのため、子どもたちから「算数を楽しむ」雰囲気が失

われているようです。

その和算の中で,〈鶴亀算〉とならんで有名な問題に〈植木算〉があります。その「植木算らしからぬ植木算」をひとつ。

おもしろ算数 2年生-11 植木算

10階建てのビルの階段を一人の男の子が歩いて上がっています。
この子はなかなか元気があり,1階から5階までを40秒で上がりました。
おなじはやさで上がり続けるとすると,10階まであと何秒かかるでしょう。

答え

50秒

　早く答えを出したい子は「簡単！40秒」といってきます。

　しかし，だまされないでください。「**そう簡単には出せないのかもしれない**」と用心してかかるのも〈算数身体知〉なんです。これも，文章に出てくる数だけで考えているとだまさやすい問題です。文章から「1階から5階までというのは10階のちょうどまんなかだから，5階から10階までも同じ秒数かかる」と思ってしまうのです。図であらわしてみると一目瞭然です。

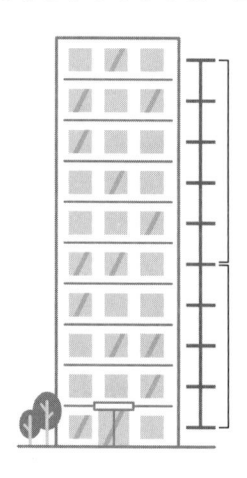

　「階と階のあいだ」が1階から5階までは4，5階から10階までが5となっています。ですから10×5で50秒です。

　「**算数の問題を正確にイメージできる**」のは，だいじな〈算数身体知〉といえます。

2年生で〈長さ〉の勉強をして,〈ものさし〉が使えるようになります。この,「**道具を正しく使う**」というのも大事な技術ですが,ただ使いこなすだけでなく「**モノサシの意味**」をよく考えてみることも大事です。

おもしろ算数 2年生-12 変なモノサシ

大工の親方が,弟子にちょっとかわったモノサシを見せていいました。
そのモノサシは6cmの長さしかなく,目もりも右のようにはじから1cmと4cmのところ」にしかしるしがつけてありません。
親方は,
「このモノサシがあれば,1cm単位だったら1cmから6cmまで全部はかれるんだぜー!」
とじまんげにいいました。
さて,どうやって1cmから6cmまではかるのでしょう。

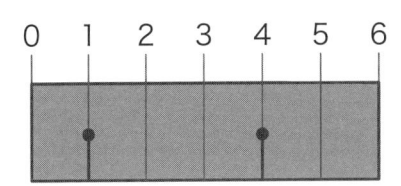

答え

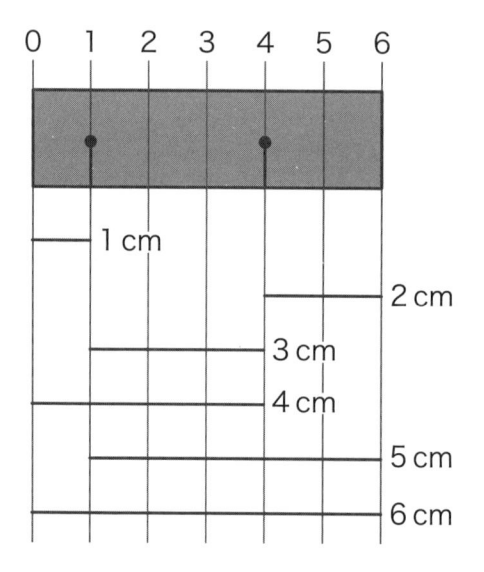

```
    0   1   2   3   4   5   6
```

       1 cm
              2 cm
          3 cm
          4 cm
              5 cm
              6 cm

　子どもたちは，モノサシを「はじからしか」使いたがりません。「中間を使う」なんて気持ち悪い，反則は好まないのです。この**〈あいだでものの長さが測れる〉**という発想も大事です。

　昔の人はこういう〈知恵〉をもっており，それを実際に使える道具として，この親方のように利用していました。

　計算を「長さでやってしまう」〔計算尺〕（〔対数の原理〕を利用したアナログ式の計算器）というのもありました。この計算尺，理工系の特別な技術者に利用されていましたが，〔電卓〕の普及で，１９８０年代には多くのメーカーで製造中止になりました。

　日本のモノづくりがデジタル化され，数学のアナログ的な道具が**〈手作りの力〉**とともに失われていくのはつらいことです。

子どもたちがよくやった遊びに〔ジグソー・パズル〕があります。ふつうは，絵や写真が書いてあるのですが，最近，宇宙開発に携わる能力開発に絵のない白いジグソーパズルをやらせるというニュースが流れました。

ジグソーパズルが図形感覚を磨き，発想を豊かにするのに役立つというのです。

なるほど，〈図形のしきつめは〉昔から〔タングラム〕（日本では〔清少納言の知恵の板〕という）や〔タイルのしきつめ〕などのようによく行われたことでした。

おもしろ算数 2年生-13 しきつめ

羊かいが死んで息子4人に変な形の土地をのこしました。この土地を4人で，おなじ広さ・おなじ形に分けるにはどう分けたらいいでしょうか。

4人の息子が分ける土地

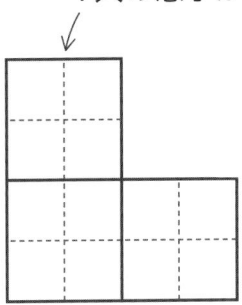

（ヒント）こういう形に分ける。

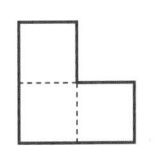

> 答え

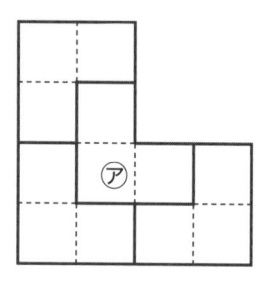

広さは小さい正方形12マスを4人で分けるのですから，3マス×4で，1人3マス分もらうということはわかります。

その形ですが，ヒントがなくても㋐のようにしか3マス取れないということがわかれば，おのずとヒントのような形にきまってきます。

そこで，㋐が決まれば，あとは見えてきますね。

〔しきつめ〕や〔ジグソーパズル〕は〈**等積変形**〉という〈算数身体知〉を養うのにいいのです。

子どもたちは，「チョット見てむずかしいとやらない」ということが多いのですが，これは「考え方を訓練されていないので自信がない」ということがあるようです。〈考え方の訓練〉をふだんからやって自信をつけるといいですね。

こうして子どもたちをきたえておくと，つぎの問題にもスムーズに取り組めます。

「式を変形して計算すること」 $2+2+2=2\times3$ というように。

おもしろ算数 2年生-14 たし算をかけ算に変身させる

下のたし算をかけ算の式にかえましょう。

① 2＋2＋2＋2＝

② 7＋7＋7＝

③ 2＋3＋2＋3＋2＋3＝

④ 1＋2＋3＋4＋5＋6＋7＋8＋9＝

⑤ 1＋3＋5＋7＋9＋11＋13＋15＋17＝

> **答え**

① 2×4 (4×2)
② 7×3
③ 5×3
④ 9×5
⑤ 9×9

　2年生でかけ算というと,九九を唱えるか,その九九の適用問題をやることが多いですね。「ちゃんと九九が唱えられるか,かけ算の式がたてられるか」ばかりでなく,こういう**「式の変形の視点」**も低学年のうちからきちんとやっていかなければならないでしょう。だから,「たし算の答えを出さなくてもかけ算になおせる」というのが重要です。

　①②は**「同じ数のたし算がかけ算になる」**という普通の変形です。

　③は,たし算がそのままかけ算に変形できるのではなく,
　2＋3＋2＋3＋2＋3
　＝(2＋3)＋(2＋3)＋(2＋3)
　＝5＋5＋5
と変形してから5×3に変形させていくという2段階のものです。

　④は,なんとか工夫して同じ数を作り出します。
　1＋2＋3＋4＋5＋6＋7＋8＋9
　＝(1＋8)＋(2＋7)＋(3＋6)＋(4＋5)＋9
　＝9×5
とします。

⑤は1＋3＋5＋7＋9＋11＋13＋15＋17＝81と合計を出して、これを9×9に変形させるというのが普通でしょう。これが、2年生ならではの「**かけ算九九を身につけた〈算数身体知〉**」です。

しかし、さらにこれが進化して〈**数学的身体知**〉になると、この「奇数のたし算」が〈**グノモン（図形数）**〉に見えてくるというわけです。

〈グノモン〉というのは、「奇数を図形（たとえば●）であらわし、そのならべ方を工夫すると、同じ数の積に見えてくる」というもので、図であらわすとつぎのようです。

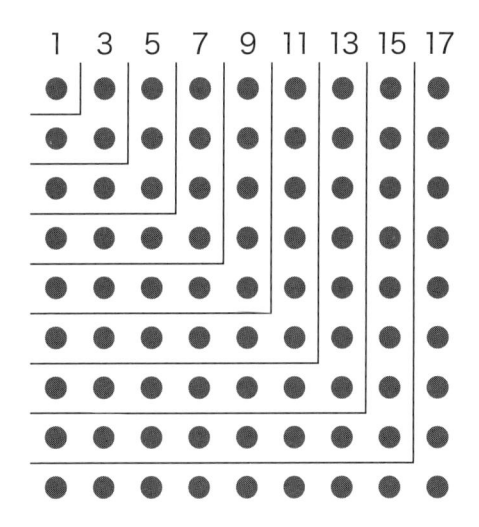

```
    1   3   5   7   9  11  13  15  17
    ●   ●   ●   ●   ●   ●   ●   ●   ●
    ●   ●   ●   ●   ●   ●   ●   ●   ●
    ●   ●   ●   ●   ●   ●   ●   ●   ●
    ●   ●   ●   ●   ●   ●   ●   ●   ●
    ●   ●   ●   ●   ●   ●   ●   ●   ●
    ●   ●   ●   ●   ●   ●   ●   ●   ●
    ●   ●   ●   ●   ●   ●   ●   ●   ●
    ●   ●   ●   ●   ●   ●   ●   ●   ●
    ●   ●   ●   ●   ●   ●   ●   ●   ●
```

この数は9×9になっている！

つまり、数字でなく●であらわしてならべ方をL字型にしていくと、「奇数の個数の積（つまり、1＋3＋5というように、奇数が3つあるときは、3×3）になっている」ということです。

このように「九九を暗記する」の問題を直接だすのではなく、「**その暗記したものを具体的な式の変形のイメージ化につかって**

〈**算数身体知**〉**にしてしまう**」ということも大切なのです。活用することで〈身体知化〉してしまおうということです。

　どうでしょう,「自分の頭を使って答えを出すおもしろさ」が少しわかってきたでしょうか。「ふかい数学的なことをおもしろく学ぶ」「イメージすることを楽しむ」といってもいいでしょう。
　こうして,「**式や図にあらわして考える〈身体知〉**」を少しずつ身につけていくのです。

③年生

3年生の〔わり算〕こそが数学につながる

小学校１，２年生のときは，ほぼ１００％「算数好き」です。

そして，各種の調査でわかるように５年生になるとほぼ９０％近くが「算数嫌い」になります。

これは，なぜだと思いますか？

というのは，小学校の３年生ぐらいから「いよいよ数学のニオイ」がしてくるからです。

「数学のニオイ」とは，どんなニオイでしょう。

熊本大学の数学者・加藤文元さんはそれを，「数学の芽」とよび，わり算だとしています。

> 「…たし算，引き算，かけ算と違って割り算は，それが考えられる文脈の影響を受けるのである。たし算や引き算やかけ算は，大体，どのような場合も，答えとして期待されるものは決まっている。しかし，割り算においては，何をもって割り算とするのか，何をもって割り算ができたこととするのか，という点に立場や文脈の違いが如実に現れる。
>
> だから，古代人の計算が今に伝えられている中でも，割り算には人間の精神活動の息吹が感じられるわけだ。そして，実際そこから，より深い数学が生まれているのである。」（中公新書『物語　数学の歴史』p.5〜6，より）

わり算が入ってくるのが３年生で，同時に小数や分数も出てきます。

いまから約１５年前に，『分数ができない大学生』（西村和雄他著・東洋経済新報社）という学力低下問題を提起した本が出て話題になりました。

表題のとおり，「分数計算ができない大学生」に象徴させて今

の子どもたちの学力低下に警鐘を鳴らした本ですが、〔分数〕としているところにわたしは大きな意味があると思っています。それが、わり算、そしてそこから出てきた分数が、「数学の芽」であり、学生全体が数学ができなくなっている、学ばなくなっている実態があるからです。

つまり、小学３年生になると、**算数の抽象度**がまして、「数学」に近づきはじめます。

これが、算数の「**９歳の壁**」です。

これを越えられないと、つぎの算数をとてもむずかしく感じはじめます。

ところで、「数学に近づきはじめる」っていいますが、「算数と数学のちがい」ってなんでしょう。

外国では算数も数学も同じいいかたをするようです。すくなくとも、数学が発展したヨーロッパではいいかたに違いはないようです。

数学者の細野勉先生は、『算数・数学の迷い道』（日本評論社）のなかで、１９４１年の学制改革でそれまでの「算術」を「算数」と変えるのに、「小学校ではまともな証明はあつかっていない。それを〈学〉とよぶのはよろしくない」という当時のエラい数学者の意見で、（「数学」ではなくて）「算数に落ち着いた」と書かれています。

なにか、そこには、「算数と数学とは別物で不連続」という認識があるようです。

じつは、それが今日まで影響しているのではないかという気がしています。

学力低下のいろいろなシンポジウムに出て思うことは、「**大学生の学力低下のおおもとは小学校算数にある**」ということです。

この思いは，多くの数学者と共通の考え方で，先日参加した「モノづくり企業のシンポジウム」でも，内外を問わず企業人のトップからも同じような意見がでていました。

　数学のはじまりの芽が３年生の算数の中にあることを先ほどいいました。
　そういう意味では，３年生の算数は数学への壁でもあります。それを超えられるかどうかが中学からの数学学習にうまく移れるかどうかの鍵になります。
　１，２年のときにつちかった〈算数身体知〉に加えて，**数学の世界に一歩近づく，３年生ならではの３年生の〈算数身体知〉**をつけていかねばなりません。
　その中心になるのが〔わり算〕〔分数〕です。
　１，２年のころは，「算数は体験によってつちかわれる〈身体知〉」といいました。３年生は，「**その〈身体知〉を十分に使いつつ，算数を数学に変えていく抽象的思考の始まり**」なのです。
　それは，どういうことかというと，
　「**手作業で実際にやるのと同時に，鉛筆を使って紙の上でイメージを再現できる**」
ということなのです。
　とくに，３年生では「**新しい数学的な概念**」がたくさん入ってきます。問題の解き方を暗記するのではなく，**手作業で十分に〈身体知化〉して，紙の上に鉛筆で抽象的な算数表現を具体的なイメージに再現できるやり方を身につける**のです。

　㋁とえば，わり算。これは，「**意味を紙の上に表現して考えることができる**」のが重要です。図でも，式でも。

古代エジプトでは，計算の対象は〔図形的な量〕だったといいます。それは，「実際に操作する」ことが頭にあったからです。

そこで，まず実際のモノを「分ける」ということから，紙の上での抽象的なやり方を考えていきます。

おもしろ算数 3年生-1　板チョコを分ける

横に5こ，タテに3こならんで合計15こに分けられる板チョコがあります。これをタテ，横の直線にそって15こにバラバラにするには，何回折らなければならないでしょう。

ただし，重ねて折ったり，ぎざぎざに折ることはできません。

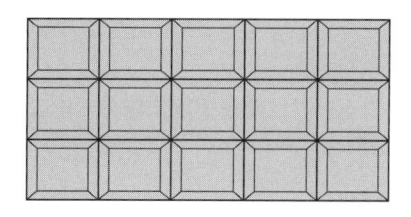

答え

14回

1, 2年生なら, 「実際に折ってやってみる」のでしょうが, もう3年生ですからその方法はこの場合とりません。

「実際に折る」かわりに, 「紙に絵をかいて」算数のきまりを見つけていきます。

まず, チョコをタテ線で折ります。(4回)

それぞれを, ヨコ線で折ります。(5×2 = 10回)

|4回|2 × 5 = 10回|

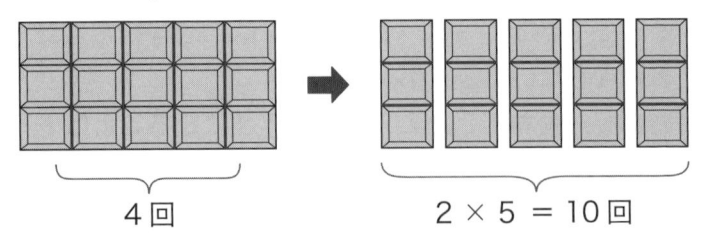

で合計14回となります。

3年生では, こういう**「絵を実際に自分でかこうとする」**ことが必要です。

そして, **「式をたてる」**のです。

じつは, こういう手間が, 「算数を数学にしていく」道なのです。数学に近づくには, **「算数の段階での手間をおしんではだめ」**です。

3年生では, まず, **「紙にかいてやってみる」**ということが, 〈算数身体知〉です。

「これでいいのか」という疑問をもってみることも, 大事な数学感覚です。そこで, 「もう一つ別の折り方」でやってみます。

今度はヨコ線で折ることから始めます。（2回）　それぞれを折っていきます。（4×3＝12回）

2回

4×3＝12回

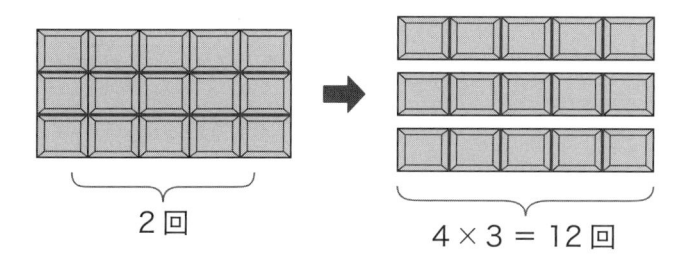

で合計14回と同じ回数になります。

ここで，3年生ぐらいなら「**一般化して，タテで折っても，ヨコで折っても回数は同じ**」と考えます。

大人の場合は，もっと一般化できなければいけません。「**一般化にもレベルがある**」のです。

そして，この一般化のきまりに気づくには，段階をふまなければたどりつけません。つまり，

第1段階　チョコを**実際に折る**，

第2段階　**紙に書いてシミュレーションして見る**（1回だけでなく，「きまりかな…」と納得できるまで），

第3段階　**どういう場合でも通用するきまり**（これが一般化）というふうに。

くれぐれも，一気に第3段階にいけないことを心がけていてください。解くマニュアルだけ意味も分からずに暗記しても，すぐに忘れてしまいます。そして，大学生になって「分数ができなくなってしまう」ように，やりかたをキレイに忘れてしまいます。

先の，「タテに折る」そして「ヨコに折る」のどちらでも「回数は変わらない」というきまりに気づいたら，つぎに，

この形でも，一続きの

の形でも,「折る回数は同じ」というきまりに気がつけば,「**一般化した,どんな場合でも通用するきまり**」にたどりつくことができます。

つまり,「折る回数＝チョコレートの個数－1」というきまりです。

このように,3年生では,「**算数のきまりを導き出し一般化するまでの力**」が求められてきます。

一般化したきまりを叙述した文章を,

①「**意味を図でイメージ化**」

し,そこから,

②「**式を導き出します。**」

そこから,

③「**算数のきまりまで導き出せる。**」

これが,3年生の「**算数の文章を図で一般化して考える〈身体知〉**」です。

小学校の教員のわたしは,先に引用した加藤文元さんの話から,「なるほど」と納得できる子どもたちの変化に気づくようになりました。

それは,2年生まで算数ができた子が,3年生になってできなくなることがよくあるからです。

その子どもたちのことを考えてみると,2年生までの「算数ができる子」というのは,「式を書かなくても暗算ですばやく答えが出せる子」の場合が多いようです。

つまり,「問題を読んだだけで答えがわかってしまっている」ことが多いのです。計算の暗算が速いのです。それは,その子に,

ある意味で,「計算アルゴリズムが第一である」というマニュアル優先的な考え方を植えつけます。

速く暗算ができれば,「自分はできる」という自信になりますから,問題の意味も考えずにやたらと計算をやりたがるようになります。

それは,つぎのような,「同じわり算でも,文脈で答えを変えなければならないわり算」を理解できないまま,計算だけやって満足しているという,ある意味「思考停止的な答えの出し方」が身についてしまっているということです。

おもしろ算数 3年生-2　わり算の意味

つぎの問題は,おなじ「15÷2」のわり算で答えが出せます。それぞれの問題文に合った答え方をしてください。

① 15個のあめを一人に2個ずつくばると何人にくばれますか。

② 15cmのテープを2人でおなじ長さに分けると,ひとり分の長さはどれだけですか。

③ 15個のおなじ大きさの荷物を自転車で1回に2個ずつはこぶと何回ではこびおわりますか。

④ 15人を同じ人数で2グループに分けることができますか。

⑤ はば15cmの本だなに,あつさ2cmの本は何さつまでならべることができるでしょうか。

答え

① 7人
② 7.5cm または $7\frac{1}{2}$ cm または 7cm 5mm
③ 8回
④ できない
⑤ 7さつ

　この答えにすべて同じ答えを出した「計算好きの3年生」がいます。
　また，この答えにすべて「＞0」と答えを書いた6年生がいました。
　「こういう解答にどう適切に対応できるか」，まさに，先生の「数学的な力量」が問われます。
　加藤文元さんの考えている数学的レベルとはまた違うレベルですが，3年生からの算数というのは，この「さまざまな文脈の中でぴったりとした抽象的思考をする」ことなのではないかと思います。文章の意味を考えて「使い分け」ができるということです。
　小学校で，わり算というと「等分除か包含除か」ということが，よく話題になり問題視されますが，こう見てくると，それは枝葉末節のことのような，「教える側の心づもり」という気がします。
　数学的に大事なことは，「問題によって，文脈からなにを，数学的に抽象してくるかを変える」ということです。また，そういう練習をするということです。
　たとえば，まだ，「わり算の計算方法を教えていない3年生」

につぎのような問題を出したとします。答える子どもたちは、まだ2年生の知識・技能（整数のたし算・ひき算はある程度のケタ数であってもできる、九九ができる、$\frac{1}{2}$は1の半分というのは知っている）のとき、つぎの問題を解くのは無理でしょうか。

これまで、「何年生でこういう内容」という形式的なことにとらわれている人にはとても出せませんが…。

おもしろ算数 3年生-3　わり算ってなに？

① 100を25でわって、その答えに6をたすといくつですか。

② 30を$\frac{1}{2}$でわって、その答えに10をたすといくつでしょうか。

2年生までの算数の力でできますから、自分のあたまでかんがえてください。

答え

① **10**
② **70**

　なんか、「答えだけ」書くと、味も素っ気もありませんね。

　つまり、「計算が正解だけ出せてもおもしろくもなんともない」のです。

　あらためて、「算数って計算で正解を出すだけじゃあない」ことがわかります。

　こういう計算だけだとつまらないのです。こういうとき、子どもは**具体的に考えてみる**のです。1年生ではそうでした。

　ですから、この問題を次のように**具体的な文脈に「翻訳」**してみます。できれば、子どもたちにも納得できる「翻訳」がいいでしょう。

　①は「100このあめを、25こずつふくろにいれました。できたふくろの数にもう6ふくろたしたら、ぜんぶでなんふくろでしょう」と翻訳しましたが、どうですか。

　②は、「30本のジュースがあります。このジュース1本を$\frac{1}{2}$ずつコップにわけました。コップなんこになりますか。それに、おなじりょうのジュースが入ったコップを10こたすと、コップはぜんぶでなんこになりますか」という問題ではどうでしょう。

　こういう問題だったら2年生でも今までの知識・計算力を使えば解けます。

　ところが、この答えを出す式を「わり算」に限定してしまうと、

①は，

$$100 \div 25 + 6$$

と3年生でもできない問題になります。

②は，

$$30 \div \frac{1}{2} + 10$$

と，これは3年生どころか6年生にならないと解けない問題になってしまいます。

このことは，いま子どもたちが置かれている状況を端的にあらわしています。

つまり，**問題設定から解答のしかたまで「正解解答マニュアルに教科書も先生も生徒もしばられている」**ということです。

前にもいいましたが，算数というのはもっと，オープンで自由です。「**なんとか，自分の知っている知識・技能でぎりぎりまで解こうとする**」のが算数です。

そうすれば，「**解くこともずっと楽になり**」ます。

①は，１００－２５－２５－２５－２５で「４回ひける」から，４ふくろ。４＋６＝１０と２年生でも出せます。実際，そろばんでは，１００÷２５を「２５を４回ひく」という「累減」（「ある数から同一の数をつぎつぎに減じていくこと」）の考えで理解させているとききます。

②は，ジュース１本をコップ２個に分けられるのですから，３０本では６０個に分けられます。６０＋１０＝７０になります。これも，２年生の知識・計算技術で十分に解けます。

3年生からは，ますます，こういう「**自分の持っているもので解いてやろう**」という，〈算数身体知〉が求められます。これが，「**抽象化に近づく**」第一歩です。

つまり，3年生は「**抽象化に耐えられるカラダづくりの時期**」といえます。

いまの日本の教科書の特徴は，「やさしい」ということです。
　多くの子どもと親がそれに不満を持っています。
　その問題の出し方の特徴が，「新しい計算（たとえばわり算）が出ると，その計算だけしか使わない文章題しか出ない」ということです。
　つまり，「その計算を使って応用問題を解く」ということがないのです。
　すると，「簡単すぎて，子どもたちはつまらない，もっと，おもしろく考えたい」と思うようになります。
　人間，簡単なことだけをくりかえしやっていると，〈算数身体知〉をどんどん低下させ，レベルの低いことしかできないカラダになってしまいます。
　前にも紹介した，〈緑表紙〉の『尋常小學算術第三學年下』につぎのような問題が出ていました。

おもしろ算数 3年生-4 昔のわり算問題「にわとりの卵」

わたしのうちには、にわとりがいて、おととい・きのう・今日の3日間に、卵を14生みました。
にわとりが、この割合で卵を生むと、一か月間（30日とします）には、いくつ生むことになるでしょう。
この卵は、7つが20銭（せん）で売れます。70売ると、お金がいくらはいるでしょう（100銭が1円です）。
この卵をいくつ売ると、1円になるでしょう。

答え

① 140個
② 2円（200銭）
③ 35個

　もし，今この問題を出すとしたら5年生からでしょう。

　今の教育内容を決めている有識者が，70年前にはこの問題を3年生で出していることを知ったらどういう感想をお持ちになるか知りたいところです。

　学校現場の先生には，これを今の3年生に出すとことは想像さえできないでしょう。

　この問題を解くのに，これまで教わってきている算数と普段からつちかわれている〈身体知〉で十分対応できます。

　教わっていないのは，**「これを自力でどう解くかという意欲と考え方」**です。

　じつは，3年生で身につけなければいけない〈算数身体知〉のもっとも大事な点がここにあるのです。

　①は，比や割合という高学年で習う計算技能で解く問題と考えられがちです。しかし，この問題を出した人はそうではなく，「3年生でも十分に解ける問題」とみたのです。そこがおもしろいところです。こういう，期待を込めて，「少し背伸びをさせて問題を解かせる」という態度は大切です。こういうとき，子どもは期待を感じて，「やってみよう」という気持ちを抱くのです。

　この問題を解くのに，力づくで絵をかく子がいます。これが，式を出す前にやる大事な〈算数身体知〉です。

```
|-+-+-+-+-+-+-+-+-+-+-+-+-+-+-+-+-+-+-+-+-+-+-+-+-+-+-+-+-+-|
                          30日
```

そして、この子はつぎに「にわとりがこの割合で卵を生むと、」という文章から、「先生、『この割合で卵を生む』というのはどういう意味ですか」とききます。3年生なら当然きかなくてはいけません。「この割合で卵を生む」という算数文章の〈**個別的・具体的意味**〉**をきいてきている**わけですから。

先生は、よく「わからないことは何でも質問しなさい」といいながら、子どもがきいてきたことに的確に答えられないことがよくあります。

子どもも「どうやって答えを出すのですか」とか、「答えは何ですか」ときく子が多いから余計そうなのかもしれませんね。

質問はそれが、「**算数文章の個別的・具体的意味をきいてきているか**」という見方で良し悪しを判断しなければなりません。

こういう質問には、きちんと数学的な意味を教えます。くれぐれも〔割合〕の国語辞典の意味を教えたりしないでください。

すると、上の図を次のように変えていくことは容易でしょう。

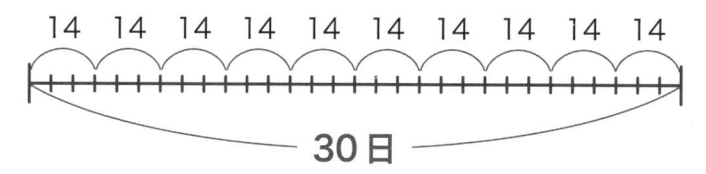

```
 14  14  14  14  14  14  14  14  14  14
|-+-+-+-+-+-+-+-+-+-+-+-+-+-+-+-+-+-+-+-+-+-+-+-+-+-+-+-+-+-|
                          30日
```

ここまで図が書ければ、この子が「問題文の個別的具体化の意味がわかったこと」はあきらかです。ですから、ここまでできていれば、９０％は正解です。

そして、式でどう表現していいかわからない子には、そのあらわし方を教えるのです。「答えの出し方を教えることにならない

か」という疑問を持つ方もいるでしょう。しかし,それは,最後の式表現のしかたの問題です。まだ慣れていない３年生には手伝ってあげて一向にかまいません。「**図からどう式にするか**」を学ぶのが３年生なのです。そこで,つぎのようにあらわします。

　　３０÷３＝１０
　　１４×１０＝１４０

　よく,１４×１０＝１４０しか書かないか,１０×３＝３０,１４×１０＝１４０という式で出す子どもがいますが,こういうふうに書いて持ってきたときどうしますか？

　こういうときは,「**式というのは,算数の説明の文なんだから,すべての出した数をどうやって出したか式であらわさなければならない**」ということや「**計算するというのは出したい数が答えになるようにたてる**」ということをきちんといって,式をなおさせてマルにしてあげるといいでしょう。

　じつは,こういうくりかえしが３年生の〈算数身体知〉をはぐくんでいくのです。子どもと大人の「**算数的やりとり**」です。

　「算数を教える」ということは,解答マニュアルとしての式を暗記させることではありません。「**子ども一人一人の〈算数身体知〉をやり取りの中で,個別的につけてあげる**」ということです。

　②③も同じようにやってみてください。

わり算と連続して教えた方がいいのが,「算数で一番むずかしい」といわれている〔分数〕です。

　〔分数〕ってなぜむずかしいのでしょう？
　ムズカシイという中身は何なのでしょう？
　それは,「**分数という概念は日本にはなかった概念で,計算もしてこなかった**」からだと考えられます。

では，日本では分数ではなく何を使っていたのかというと，「小数」です。「わり算はあっても，分数はなかった」。それが，日本の数学の特徴です。

ですから，日本の場合はとくに，**「分数を意味と結びつける努力」**をしなくてはなりません。これをおこたると，分数も単なる「計算方法の暗記」になってしまいます。

「分数の意味を考えさせる問題」というのが，昔から世界中にありました。じつは，世界の中では分数の方が小数よりはるかに早く生まれ，日常の中で使われていたのです。

つぎの問題は，世界的に有名な「分数で分ける」問題です。

おもしろ算数 3年生-5　いさん分け

ある羊かいのおじいさんが，羊11頭をのこして死にました。このおじいさんにはふたごの長男と次男，そして三男の3人の息子がいました。ゆいごんでは，「羊をふたごに $\frac{1}{3}$ ずつ，三男に $\frac{1}{4}$ になるよう分けなさい」と書いてありました。ところが，羊11頭では，$\frac{1}{3}$ にも $\frac{1}{4}$ にもきっちりした数に分けられずこまっていました。それを見かねたとなりの親切なおじいさんが，羊を1頭くれました。息子たちは羊をどのように分けましたか。

答え

長男,次男に4頭ずつ,三男に3頭

　これは,「分数の意味」と「分ける」というのを考えるのにいい問題です。

　6年生でも,こうした問題をほとんどの子が「できない」といいます。自分の算数の問題を解く引き出しの容量を超えていると,早くから判断してしまうからです。地道にすこしずつ考えてみましょう。

　まず,「11頭を $\frac{1}{3}$ に分けることは,11÷3の計算をすることだ」という翻訳ができなければなりません。

　ところが,子どもたちはこれができないのです。いやむしろ,「やりたがらない」といったほうがいいでしょう。

　暗算ですぐに答えが出せることに慣れている子どもたちは,こういう,暗算ですぐに答えが出せない問題を警戒します。

　そこで,意味を考えて,〈意味の翻訳〉というふうに考え方を変えてくれればいいのですが,そういう,面倒なことはさけたいのです。すぐに「答えが出てくる簡単マニュアル」がほしくなるのです。

　そうならないためにも,3年生のわり算や分数のところで,こういう,すこし「**文脈を数学的に読み取る練習**」をしておかなければいけません。

　まず,11頭の $\frac{1}{3}$ や $\frac{1}{4}$ という分け方は,11÷3や11÷

4というわり算で出せるが，この答えはきれいな整数にならないことに気がつかなければなりません。

そこで，「となりのおじいさんが1頭くれたので」12頭になり，これなら$\frac{1}{3}$や$\frac{1}{4}$に分けることができることを理解します。「12頭の$\frac{1}{3}$」は，「12頭を3等分した1つ分」という意味ですから，12÷3＝4で「4頭」です。

同じように，$\frac{1}{4}$は，12÷4＝3で「3頭」です。

そこで，答えが出ます。

ところで，ここで不思議なことに気づいた人は，注意深い人です。子どもたちは，ほとんど気づきません。

それは，「となりの親切なおじいさんに**もらったはずの1頭を**返すことができちゃった！」ということです。だって，分けた羊の数4＋4＋3＝11でしょう！　1頭余るじゃないですか！

なんでこんなことが起こるのでしょう？　だって，11頭では$\frac{1}{3}$や$\frac{1}{4}$に分けられないから1頭となりのおじいさんがくれたのだったですよね。

ところが，分けてみたら，11頭で分けることができてしまったのです。これはなぜでしょう？

3年生の〈算数身体知〉のひとつがこれです。「**不思議だな，なぜだろうと考えてみる**」ことです。

ぜひ，答えを出した後で，子どもたちにこれをきいてみてください。そして，それにあなたはどう答えるか，答えられるか考えてください。

3年生の子どもたちに，なっとくさせられる説明はできません

が,「不思議さ」はわかるはずです。

　この**「不思議だなあ,どうしてだろう？」**と思うことが,子どもたちに〈算数身体知〉をつけさせる第一歩です。

　昔はこれで子どもたちを数学に惹きつけることができたのですが,いまは,答えがすぐに示されないことには拒絶反応が出るのです。

　大人のために,チョットだけ理屈をいっておくと,分配の割合をたしてみてください。

　この問題では,$\frac{1}{3}+\frac{1}{3}+\frac{1}{4}=\frac{11}{12}$ となり,割合をたしたものが1になっていません。

　つまり,全体を1とした比例配分になっていないのです。そこで,12頭を比例配分すると1の余りが出てくるのです。

　このように,分数は量と割合の2つの場合があって,これがからみあっているので混乱しやすいのです。

　先に,今の教科書では決して出てこない〔昔の3年生の問題〕を〈自力で〉解いてもらいました。そのときに必要なのも,出された問題の解答マニュアルはないかとさがそうとするのではなく,「自力で解こうとする意欲と考え方を持つ」ことです。

子どもたちは,「カンで解く」というのが好きです。解法マニュアルが正確に思い出せない，または，わからないとき，まったく手をつけないか，カンでてきとうにやってしまいます。

　つぎの問題は，数学ならではの意外性のある,「カンでは想像もつかない算数問題」です。

おもしろ算数 3年生-6

2ばい，2ばい，…！

ある人が，会社で働いて給料をもらいますが，社長さんから
A：1日に1万円ずつ毎日もらって，1か月に31日分の給料をもらうのと，
B：1日目に1円，2日目はその倍の2円，3日目にはその倍の4円，…と前の日の2倍のお金をもらう約束で最後の31日目の分だけの給料をもらうのとどちらかを選ぶようにいわれました。

さて，あなたはA, Bどちらの給料をもらいますか。いくらもらえるか，そのお金となぜそれを選んだのか，そのわけを書いてください。

> **答え**

（正解はないので，その人の考え方で）
〔安くても，早くお金がほしい人は〕Aで，もらうお金は合計で３１万円
〔たくさんのお金がほしい人は〕Bで，もらうお金は約１０億円（！）

　これは，計算を，①めんどうな計算をやるより，感覚で簡単な計算をしてしまえるほうを選ぶか，②やっかいな計算でもいやがらずに，「正確に概算する〈算数身体知〉」をもっているか，のちがいがあらわれるといってもよい問題です。

　いまは，「めんどうなこと，しんぼうしてやること」はいやがる子が多いので，「日銭１万円」というわかりやすい方を選ぶ子が多いかもしれません。

　昔話は，「大変なことでもコツコツまじめに取り組む人間にごほうびをくれること」をくりかえし子どもたちに語ってきました。

　しかし，ゲームなどでは，「簡単に，目先の利いた一発大勝負で大もうけすること」を教えます。なにか，バブルで大もうけするのと似ていませんか。

　Aは，１日１万円で３１日分で３１万円と，すぐにわかります。

　それにたいして，Bは「大変そうな考え方と計算」をふくんでいます。

　はじめはいいですが，あとになると「計算が面倒くさく」なりそうでイヤです。

　それでも，やってみて，「なるほど，そうか！」と算数的な〈おもしろい発見〉をするのもこの時期に大切なことです。

Bはめんどうですが,「まず,表にしてみる」のです。

　　1日目　…　1円
　　2日目　…　2円
　　3日目　…　4円

というふうに。

　しかし,ここまできたら,「このまま,単純に書き続けていくのはムダ」ということに,気づかねばなりません。

　算数は「きまりを見つける」学習です。とくに,3年生から数学に近づきはじめる意味からも,「きまりにつながる」ことを意識しはじめなければなりません。そこで,「前の日の2倍」という文章から表を次のように書き換えます。

　　1日目　1円
　　2日目　1×2円
　　3日目　1×2×2円

とここまでくると,4日目はどういう「式」になるか「**見えて**」きます。「1×」はあってもなくても同じなので書かないで,

　　4日目　2×2×2円

とわかってきます。

　ここで,もうひとつきまりを見つけるために大切なことは,**計算してしまわないで「式のままにしておく」**ことです。

　そろばんなど計算が得意な人はすぐに計算をして,かえってきまりを発見しづらくしています。

　ここまで式をかくと,

　　5日目　2×2×2×2円

とわかります。そして,ずうーっときて,

　　31日目　2×2×…×2（2を30こかける）＝ 2^{30}（とあらわす）円

とできれば，もう一息です。ここから先で大切なことは，「**式のままでわかりやすいきまりを見つける**」ということです。

そして，計算していきます。

$2 \times 2 \times 2 \times 2 \times 2 = 2^5 = 32$，

…

$2 \times 2 \times 2 \times 2 \times 2 \times 2 \times 2 \times 2 \times 2 = 2^9 = 512$，

$2 \times 2 \times 2 \times 2 \times 2 \times 2 \times 2 \times 2 \times 2 \times 2 = 2^{10}$
$= 1024$

とここまできたら，「**ちょっと立ち止まって考える**」のです。この，「ちょっと立ち止まって」も大事なのです。

数学はもともと，「**大変な計算も簡単にできる方法がないか**」ということから始まったといってもいいのです。「**より簡単に近い数が出せないか**」が課題でした。

ここまで，計算してくるとどんどんけた数が多くなってやっかいになることに気づくはずです。そこで，「だいたいどのくらいになるか？」という「**おおよその数（概数）でつかんでみよう**」と思いはじめます。

じつは，この「**おおよそでつかんでみよう**」というのも，おおざっぱなようでまことに数学的な考え方なのです。

ここでは，どう「**おおざっぱにつかむ**」かというと，$2^{10} = 1024$だから，「**$2^{10} ≒ 1000 = 10^3$とおおざっぱに見てみよう**」というのです。

そうすると，

$2^{30} = 2^{10} \times 2^{10} \times 2^{10} ≒ 10^3 \times 10^3 \times 10^3$
$= 1000 \times 1000 \times 1000 = 10$億

となるわけです。

こうやってだしてみると，「面倒くさい！」となんとなくカン

で選んだことが，結果的には３０００倍以上の違いが出てしまうのです。

この計算，じつは３年生でもできない計算ではありません。大きな数のかけ算ですから。それを，しんぼう強くやることが大事です。

こうして，「**しんぼう強く考えて計算すると，思いもかけない結果になることがわかる**」というのが〈算数身体知〉として大事なことです。

１年生でたし算の虫食い算をやり，単純に計算のアルゴリズムを適用する問題だけでなく，アルゴリズムがわかったうえで，「**アルゴリズム＋理づめで計算していく**」大切さを知りました。
３年生ではかけ算で，条件をふやしてやってみます。

おもしろ算数 ３年生-7
かけ算のふくめん算

つぎのかけ算の，同じ字は同じ数字をあらわしています。先頭には０はきません。

```
      い し              い
    × し か          ×   い
    ─────           ─────
      り か              か
    い し
    ─────
    い る か
```

このようなかけ算がなりたっているとき，「いるか」はいくつですか。

答え

294

これもわかるところからきめていきます。

まず、左の「いし×し＝いし」から、「し＝1」がわかります。

つぎに、右の「い×い＝か」から、「い＝2か3」ということがわかります。これがきまれば、「か＝4か9」も同時にきまります。

```
    2 1        3 1
×   1 4    ×   1 9
─────────    ─────────
    り 4        り 9
  2 1        3 1
```

こう書けば右の3×9の答えがくり上がりで「り」が1ケタの整数になりませんからダメなことがわかります。

そこで、「い＝2，か＝4」がわかり、「り＝8」になり、「いるか＝294」です。

こういう、「**理づめの思考**」もきたえていかなければいけません。「**こうすれば、こうなる**」という〈**演繹的な考え方**〉ですね。そして、「**すべての場合をつくして、だからこうなる**」という考え方です。

〔**魔方陣**〕も、「計算と理詰め」の考え方で解いていきます。

3年生では、もうすこしむずかしい〔四方陣〕をやってみて、その仕組みについても考えてみましょう。

おもしろ算数 3年生-8 四方陣

つぎの4行の魔方陣（四方陣という）に，1から16までの数を入れて，タテ，ヨコ，ナナメをたしても合計が同じ数になるようにして，魔方陣を完成させてください。

ただし，

きまり1：どの□でかこんだ合計も34になります。

きまり2：ナナメは両はじの2つとまんなかの2つの数をたすとどれも17になります。

			13
	11		
9			
		15	

答え

これは，つぎの解答だけ。

16	2	3	13
5	11	10	8
9	7	6	12
4	14	15	1

　まず，三方陣のときと同じように，きまりを考えます。

　これは，3年生でもできる計算です。

① 全部の数字の合計は1＋2＋…＋14＋15＋16＝136になります。

② どの列，どの行の合計も同じ数になるのですから，その数は136÷4＝34です。

　これに問題の2つのきまり，

③ どの□でかこんだ合計も34になります。

④ ナナメは両はじの2つとまんなかの2つの数をたすとどれも17になります。

の4つのきまりをつかって理詰めで考えていけば，答えは出せるはずです。

　三方陣や四方陣には作り方があります。〈算数身体知〉をつけるには，「**問題を自分で作れるようになること**」が大事です。つ

まり，仕組みがわかっていないと問題は作れないのです。

「問題文を紙に図であらわして考える」ということはすぐに式を出すより算数的な態度だということをいいました。では，つぎのような問題はどう紙の上で推理しますか？

おもしろ算数 3年生-9 道のり

下の図のように，3つの山の頂上A，B，Cがそれぞれ道でつながっています。
AからBを通ってCにいくと,その道のりは25 km,
BからCを通ってAにいくと,その道のりは23 km,
CからAを通ってBにいくと,その道のりは20 km
になります。
それでは，この3つのA，B，Cの3つの山を1周すると何kmの道のりになるでしょう。

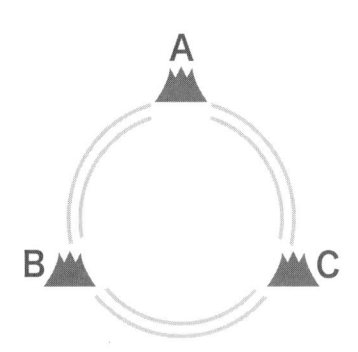

答え

34 km

　この問題では，まず，「算数の問題文を，図で表してみる」というイメージ化が行われなければなりません。それが正確にかけて，この〈抽象された算数の文〉の〈個別的な具体化のイメージ〉がかけているかどうかわかるのです。

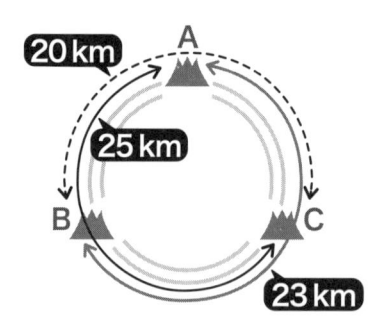

　さらに，上のような「移動をかき加えた図」にしていきます。

　こまかいところでは，「２０kmと２３kmの長さがちがう」などの難点はありますが，「**こまかい違いはさておき，この問題で大事なところが見えるようにかく**」というのがポイントです。

　これをながめていると，A，B，Cの町の間の線が２本ずつになっていることに気づくでしょう。

　この「**絵から気づいたことを式にあらわし**」ます。

　２５＋２３＋２０＝６８（２周ぶん）　だから

　６８÷２＝３４（km）

「**表にしたほうがわかる**」という人もいるかもしれません。

　次ページの表からも，合計は２周分ということがわかります。

	AからB	BからC	CからA	道のり
AからBを通りCへ	○	○		25km
BからCを通りAへ		○	○	23km
CからAを通りBへ	○		○	20km
合計	○○	○○	○○	68km

日本では和算の中に,「かたつむり問題」というのがあります。ロシアにも同じような「あおむし問題」があります。

おもしろ算数
3年生-10

あおむし問題

日曜日の午前6時にあおむしが木を登りはじめました。夕方6時まではゆっくりとおなじペースで5m登りました。午後6時になると休んで朝の6時までに2m下がってしまいます。
このようにしてあおむしが木を登っていくと，9mの高さまで登るのは，何曜日の何時でしょうか。

答え

火曜日の午後1時12分

　この答え，計算の得意な子は鼻をふくらませて，「先生わかりました！」と持ってきます。（自信たっぷりに）「水曜日の午前6時です」。わたしが「ザンネン！」というと，まことに不満そうに「なんでですか！」とくってかかってきます。わたしは多少意地悪そうに「まちがえてるから」といいます。「どこがですか？！」とまちがってるのはお前だ！といわんばかりの勢いです。（まあ確かに私はよく計算間違いをするのですが…）

　計算が得意な子はよくこういうのにひっかかります。

　わたしは『分数ができない大学生』で，「年寄りが頭が固いというが，いまはかえって子どもの方が頭が固い」ということをかきました。計算が得意な子のなかに，「**計算得意がわざわいして，かえって柔軟性に欠ける**」場合があるようです。

　この場合，先ほどの計算の得意な子は，「昼間に5m登って夜2m下がるのだから，一昼夜で3mすすむ」と考え，「9m行くには3昼夜かかる」として，「水曜日の朝6時」としたのです。

　ところが，「**深読み・吟味する**」と，「火曜日の午前6時はこのアオムシ君，6mの高さのところまで登ってきている」のです。

　それで，「火曜日午前6時は6mの高さのところから登りはじめる」わけです。日中に5m登りますから，おそらく午後には9mの高さに到達すると，「**予想できる**」はずです。

　5mを12時間で登るので，1mあたりは12÷5＝2あまり2です。つまり，1mあたり2時間と（2時間＝）120÷

5＝24（分）かかります。2時間24分×3ですから，6時間と24×3＝72分，これは，7時間12分です。これを，6時にたすと，「火曜日の午後1時12分」となるのです。

計算が得意だと**「その先の読みが甘くならないように」**気をつけないといけません。

3年生ぐらいから，**「1段階の公式に気づく」**だけではない，**「2段階，3段階の思考」**が求められはじめます。

これが**「9歳の壁」**を乗り越えるための練習です。

子どもたちが好きな遊びに「マッチぼうパズル」があります。本章の冒頭で，学級崩壊している子どもたちにやり始めたのもこの「マッチぼうパズル」だったことを紹介しました。

それで，「答えはうしろで」といいながら載せていないことに気づきました。そこで，問題は同じマッチぼうパズルです。

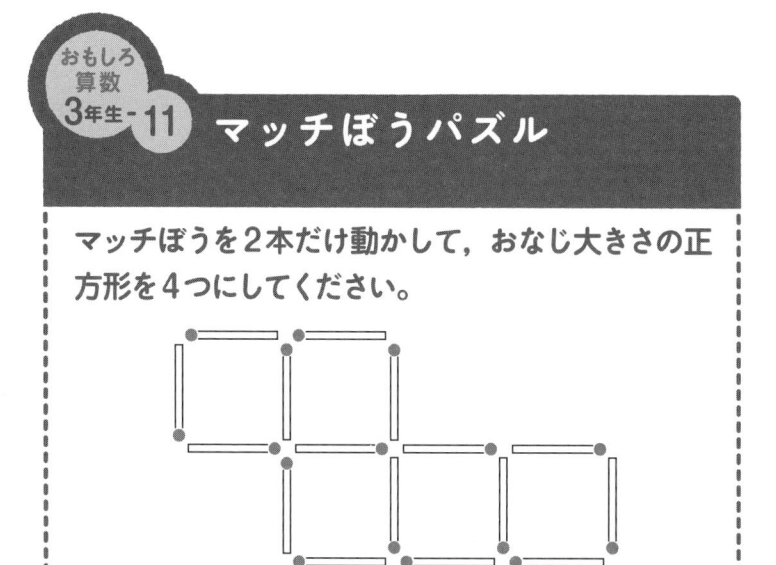

おもしろ算数
3年生-11 **マッチぼうパズル**

マッチぼうを2本だけ動かして，おなじ大きさの正方形を4つにしてください。

答え

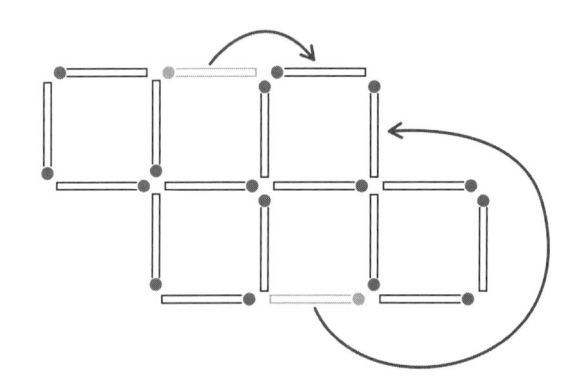

　これも、てこずる問題です。

　なぜでしょう。それは、「**変形になれていない**」からです。

　この、「変形になれていない」のは、最近の特徴でしょうか。少し前は、積み木やレゴなど「変身」するものがたくさん遊びのなかにありました。「ヘンシン！」が子どもの遊びといっても良かったのですが、今は、「**機械が自分の手を動かさずヘンシンさせてくれる**」ので、「どうやればヘンシンさせることができるか」を考えなくてよくなってしまい、そういう頭が働かないのです。

　この問題は図形の「**等量変形**」です。「**量を変えないで形を変える**」のです。

　この〈等量変形〉は、計算で〈等式変形〉となり、３年生ぐらいから少しずつでも「**数値計算から式の変形になれる**」〈算数身体知〉を持ちたいものです。

私の手元に３０年以上前の算数の問題集があります。そのなかに「時計算」という章があるのです。デジタルな世の中になって，アナログの時計ははやらないし身のまわりから消えつつあるので，「時計を使った算数」もなくなるかもしれません。

ただ，時計は３年生から学ぶ〈角度〉の意味を考えるのにとてもいい教材です。アナログの時計ですが。

おもしろ算数 ３年生-12 時計の針

時計が，きまりにしたがって①→②→③→④と動きました。
つぎに時計の針はどうさしているでしょう。下のア，イ，ウからえらびましょう。

答え

ウ

　これが意外とわからないんです。「回転量が２７０°である」ことに気づけば，ウであることはすぐにわかります。

　「５時１５分に４５分たすと何時？」という問題なら，すらすらと，「６時」と答えるのですが，「５時１５分の針から，長針が２７０°回転する」というのがイメージ化できないのです。しかも，「短針も同時に動く」というのがまたやっかいです。

　「デジタル世界に囲まれている」子どもたちの意外な落とし穴ですね。

　ですから，このような問題を解くのは非常にむずかしいのです。

　３年生では「**こうなれば ─→ こうなることに紙の上で気づくこと**」が大事な〈算数身体知〉になっています。しかも，例外を見落とさない注意深さが必要です。

❷ 年生までの算数は，ほとんどが「一段階の思考」ですんでしまう問題でした。つまり，〔たし算〕とか〔かけ算〕の計算技能を習うとその応用問題であることが多かったのです。

　こういう「応用問題」だけやっていると，頭が解答マニュアルだけを求めるようになってしまいます。つまり，２段階も，３段階も論理を積み重ねて考えるという〈演繹的思考〉を面倒くさく感じるようになります。

　数学は，**「論理の積み重ね」**です。

　ですから，「数学に近づく」ということは，この**２段階，３段**

階の論理の積み重ねで答えにたどりつく練習をしておかなければならないのです。

そこで，〔緑表紙〕の『尋常小學算術第三學年上』に3年生で学ぶ，〔円〕と〔植木算〕の両方が混じったつぎの2段階，3段階の思考を要する問題がでていたので挑戦してみてください。

おもしろ算数 3年生-13　まるい池から考えた問題

公園にまるい池があって，そのまわりにヤナギの木が10本植えてあります。ヤナギの木のあいだは，どこも5mずつあります。
① 池のまわりは何mくらいでしょう。
池のまんなかを通る橋があります。橋の両側に手すりがあって，その柱が2mごとに立っています。柱の数は，かたほうに20本あります。
② 橋の長さはどれくらいあるでしょう。
③ 池のまわりは，橋の長さよりもどれだけ長いでしょう。

答え

① 50 m
② 38 m
③ 32 m

　この問題，一見して，「むずかしい」のと同時に，いまの教科書に比べ，「地味であり」，「不親切である」ように見えます。いまの教科書は，昔に比べると「カラフルで，絵が豊富で，派手で，大変親切でわかりやすい」のです。

　しかし，そうかといって，「今の教科書の方が子どもにとっていいか」というと，必ずしもそうではありません。

　まず，この挿絵ですが，非常にレトロな地味で味気ない絵のように思いますがどうでしょう。

　わたしは，この挿絵，〈算数教育的〉には非常に大事な点を突いた絵だと思っています。

　今の教科書だったら，池，木，橋「すべてが，わかりやすく，魅力的に」かいてあります。（そうしないと，使ってもらえないという問題もありますが）

　わたしはこういう今の教科書のようなかき方は，「子どもたちの〈算数身体知〉を育てない」と思っています。「わかりやすく・親切に」というのは，本来，子どもたちが問題からイメージして自分でかきあらわさなければならないものです。

　「すべて，わかりやすく」挿絵にしてしまうということは，答えを教えているようなものです。子どもたちは，「絵を見て答えている」ことがよくあります。そこでは，「頭を働かせていませ

ん」。

　算数は，文章題なら，**「抽象化された算数の文章を読み解くこと」**からはじまっているのです。問題文全体をイメージ化した絵を示してしまっては，その絵の作者の考えを教え込んでいることになってしまいます。子どもに残されたことは，「絵から答えを出す」という非常に単純なことになってしまいます。

　昔の教科書は，地味であっさりしているようですが，問題文全体を絵にしてしまうことなく，しかも，大事な点を逃さず，子どもが図をかきやすいようにヒントをあたえています。さすがです。

　現代は，「わかりやすく・簡単に・すばやく」答えを出せることを重んじる風潮がありますが，算数の〈身体知〉はこれでは身につきません。自分の身体でやってみて，身体に覚えさせていくのです。

　この問題を解くのに，出てきた数字ですぐに計算をはじめたがるのがいまの子どもたちです。しかし，こういう２段階，３段階の思考をするときには，文章を読んだだけで，思考を正確に式であらわすことはできません。

「計算はもともと量でやることからはじまった」と前に書きました。

　ということは，こういうわかりにくい問題はよけい，式を立てる前に，「図という量で表す」段階がなければならないでしょう。

　そうすることで，文章だけでは気づけなかった**「思考の落とし穴」**に気づくことができます。

　まず，池と木の絵を「問題文のとおり図であらわし」ます。これが正しくかければ，ほぼ①の問題は解けたといっていいでしょう。

　この問題，和算の〔植木算〕なのですが，文章を読んですぐに

これがわかった人は慣れている人です。

しかも,「木がまるくならんでいる場合」の〔植木算〕です。

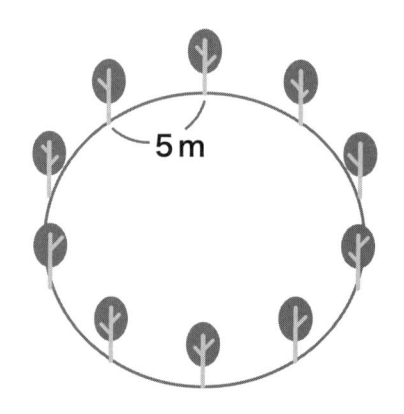

そうです, こういう〔植木算〕は,「木の数とあいだが同じ」植木算です。こういうことが, 暗記できていなくても, いや暗記していないからこそ,「**図から正しく式が立てられる**」のです。式は, 一目瞭然, ①5×10＝50です。

つぎも図のようにかければ答えはすぐに出てきます。

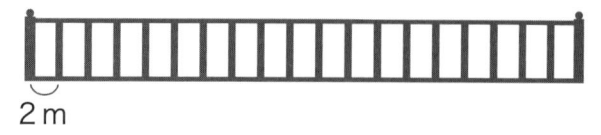

こんどは,〔ふつうの植木算〕で,「間の数＝柱の数－1」となりますから式は, ②2×(20－1)＝38, ③は50－38＝12とすぐに出てきます。

ただ, ひとこといわせてもらうと, この問題文の数の設定は,「円周は直径の約3倍」という図形のきまりからすると, かなり「おかしい！」ようです。

❹年生

数学への,
新たな「10歳の壁」が

３年生のときに「９歳の壁」といいました。

　そして，４年生で「**１０歳の壁**」というと，何かいつも行く手には壁が立ちはだかっているという印象です。

　まず，数や式の書き表し方からして，今のような書き表し方に確定したのはほんの数百年前のことです。数学六千年の歴史からすると，まさに，「**未来につながっていく**」生みの苦しみをしてきたというべきでしょう。

　しかも，日本ではこういう算数が始まったのは，ほんの百年余り前のことです。

　子どもたちの好きな一休さんのテレビの中で，一休さんがよく，「あわてない，あわてない」といっていますが，算数の学びはまさにこれです。「簡単に・早く・楽に」学べることは，簡単に・早く・きれいさっぱりと忘れ去られます。

　４年生の，「数学への壁」というのは，「**論理的に考える壁**」といっていいと思います。

　この壁を意識しないままで行くと，大学生になるまで「数学は計算」という意識を継続してしまい，まったく数学がわからなくなり，それこそ壁に押しつぶされたり，壁から逃げ回ることになってしまいます。「困難から逃げる」姿勢は，４年生から始まるというのは少し言い過ぎでしょうか。

　それでは，何がいったい「壁」なのかというと，それは，「**いよいよ数学本来の抽象的な論理の世界にはいっていく**」という壁です。

　具体的にいうと，
①〔数と計算〕の領域では，「**整数の四則演算はすべてできたうえで，数値計算から式の変形（これは，式であらわされた論理です）にはいっていく**」ということです。

②〔図形〕では，いよいよ「**平面図形のきちんとした定義と論証の世界にはいっていく**」ということです。

たとえば，三角形は1,2年生の頃だと生活の中での，図の左の「**だいたい三角形**」でもよかったのですが，4年生では，「三角形はどうであれば三角形としてなりたつか」という，右のような「**(三角形の成立条件にあった) きちんとした三角形**」をイメージしなければならないのです。

いわば，「**この世の中にはありえない三角形**」を考えるわけです。

この「**数学の世界だけでしかありえない図形**」という〔論理的に定義された図形〕というイメージをもって図形の問題に取り組まなければならないので，「壁」になるわけです。

③〔量と測定〕では〔面積〕がはいってきますが，多くの人は〔面積〕というと「公式：(底辺)×(高さ)÷2などを暗記」ととらえています。しかしこれは，半分まちがっています。

「あってる半分」は，「暗記しておくと便利な点がある」ということです。

でも，「せめて計算ができれば，公式を覚えていれば，…」と暗記に励み，中学・高校の，数学から脱落していった人は数多くいます。

じつは，「あとの半分」が，「算数から数学に移っていく**10歳の壁**」となっているのです。

「あとの半分」は，簡単にいうと「**なぜそうなるか計算でも，図形でも説明できる**」ということです。

3年生までに出てくる〔量と測定〕の「長さや量など」は、〔たし算・ひき算〕で答えが出せる概念でした。

　いわば、日常の手の内にある概念でした。できる子は、式なんか書かないで「暗算で」答えを出していました。

　しかし、4年生からでてくる〔面積〕や〔角度〕というのは、日常に転がっていますが、「数学的概念」としてはっきりしてきたのはまだ数百年くらい前のことです。

　ですから、子どもたちも注意深くその、「**成り立ちの概念を学ばなければならない**」のです。

　この「成り立ちの概念」を学ばないまま、公式だけ暗記してもなんにもなりません。数学につながっていかないのです。ちょっと複雑な面積や角度の問題が解けなくなってしまいます。

　さらに、

④数量関係では、「関数の概念」がでてきます。

　これも、ただ意味を考えずに「答えの出し方」だけを考えていると、6年生で出てくる〔比例・反比例〕、中学の〔一次関数〕がわからなくなります。

　とくに、最近、中学生の苦手なものに、〔論証〕とともに〔関数〕がありますが、これも、小学校時代にしっかりした〔関数概念〕を「**意味および考え方として**」身につけていないせいです。

では、「１０歳の壁」を越えるための、「論理的式変形や説明」の練習を具体的な問題の中でやっていきましょう。

　まず、〔数と計算〕から壁に挑戦してみます。

　これまでのように、「与えられた計算をやればいい」のではありません。「**どういう計算をしたらいいか自分で考えてみる**」ことです。それは、「**問題を自分で作る力**」が求められてくるということです。

おもしろ算数 4年生-1 たしてもかけても

2＋2 ＝ 2×2 です。このように、たしても、かけても答えが同じになる整数と小数の組を2組みつけてください。
つまり、A＋B ＝ A×B（Aは整数・Bは小数）（Aが小数・Bが整数でもいいです）

答え

（3と1.5）とか（6と1.2）とか答えは無数にあります。

「無数にある答えがなぜそう簡単にはでてこないんだろう？」と思いませんか。やっぱり，「計算力がないからかな」と思う方もいるかもしれません。

「下手な鉄砲も数撃ちゃ当たる」という意味では，たしかに「計算力」かもしれませんが，ここはむしろ，4年生でつけたい論理的に考える〈**推理力**〉という〈算数身体知〉を働かせたいですね。

こういう問題を前にしたとき，子どもたちに3通りの態度が考えられます。

その1．即座にやみくもにあてずっぽうにただ「計算をやたらとやる」。

その2．見ただけで「めんどくさそう・マニュアルになさそう」なのであきらめる。

多くはこのどちらかなのですが，〈算数身体知〉がついている子は，

その3．「**まずどういうしくみになっているか**」考えてみるのです。

ここで活きてくるのが，「**ふくめん算をやった体験**」です。

つまり，「**よくわからない数を取り扱う**」体験が活きてくるのです。

たとえば，つぎのような「ふくめん算をやってみよう」と思うかどうかが，中学生の方程式につながっていくのです。（このふ

くめん算では、まだ不十分で、全部をつくしてはいないのですが…)

```
    あ．い          あ．い
  ×    う        ＋    う
  ─────────      ─────────
    え．お          え．お
```

これをじっとながめると何が見えてきますか。

① 〈あ〉は１でなければならない
② 〈い×う〉の繰り上がりは１０に限られる
③ それで、「繰り上がりが１０で、かけられた数の一の位と答えの小数第一位が同じになる

〈い〉と〈う〉の組み合わせは、$2 \times 6 = 12$ の（２と６）、$5 \times 3 = 15$ の（５と３）だけ。

このことから、「$1.2 \times 6 = 1.2 + 6$」と「$1.5 \times 3 = 1.5 + 3$」の答えが出てきます。

もっと一般的な中学生以上の出し方は、２つの数を a, b として、和＝積ですから $a + b = a \times b$ となります。
これを、変形すると $a = b \div (b-1)$ となります。
これをみたす (a, b) の組をみつければいいわけです。

$b = 2$ のとき、$(2, 2)$、

$b = 3$ のとき、$(\dfrac{3}{2}, 3)$

$b = 4$ のとき、$(\dfrac{4}{3}, 4)$

と無数に出てきます。

　だいじなことは，**この中学生の解法が，小学生のときの〈ふくめん算〉を解く〈算数身体知〉にささえられている**ということです。

❹年生では，「壁」を乗り越えるために，できるだけ「**文章題の中で計算を使う**」ようにします。それは，「**計算は独立してやるのではなく，生活をイメージして利用するもの**」だからです。

　つぎの「**問題文を式につながるような図や表に変形させる**」ことも，「**文章を式に変形**」させるだいじなステップです。

　3年生で，ひとつの公式でだせる〔適用問題〕だけでなく，「**何段階かの論理を積み重ねて解く問題**」をやらなければならないといいました。これは，整数の四則計算技能が完成する4年生では，「**算数文章を論理的に式に変える**」練習のためにもさらに必要な練習となります。

　それは，今の教科書ではあまり見かけなくなった「**一つの問題の中にいくつもの〔小問〕がある**」問題をやる中でつちかわれます。

おもしろ算数 4年生-2　年れい算ではなく…

ぼくのお母さんは兄弟姉妹がたくさんいます。
その兄弟姉妹，みんなが3つちがいで，一番下の人が30さいです。お母さんは上から数えて4番目，下から数えて3番目です。一番上の人のとしはいくつでしょう。

答え

45さい

　年れいのことを聞いているので,「年れい算」と思う人もいますが, これは,「植木算」です。植木算とわかった人は,「問題のイメージ化」が正しくできた人です。

　こういう, **問題のイメージ化が正しくできることが**〈算数身体知〉を生むのです。

　「年れい算」ときめて, 年れい算の「正解マニュアル」から解こうと, ときにとんでもない解き方を平気でしてしまいます。

　「題ではなく内容をよく読んで」 判断をしなければなりません。

　また, 子どものなかには,「問題を読むとすぐに計算をガチャガチャやりだす」子がいます。

　そうではなく, **「問題を読んだらまずいっている意味をつかんで」** それから, **「問題の意味を図であらわしてみよう」とノートをとる習慣をつけることが**, 4年生でも大切な〈算数身体知〉です。

　たとえば, この問題では,

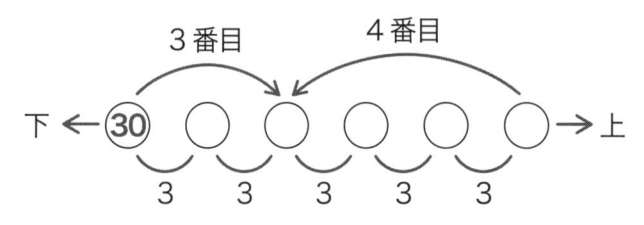

```
           3番目        4番目
下 ← ㉚ ─ ○ ─ ○ ─ ○ ─ ○ ─ ○ → 上
         3   3   3   3   3
```

　こんな図をかけば, もう答えは見えています。図であらわすと,「兄弟姉妹は6人いる」ということがよくわかります。

それが,「図をかかないで,文章の〈上から4番目で下から3番目〉に反応する」と,「4＋3＝7で兄弟は7人いる」と考えてしまいがちです。ところが,4＋3－1＝6と1引かなければいけません。ここで,間違えるとあとはもうだめですね。
3×5＝15,30＋15＝45と出てくるわけです。

このように,「**文章の意味をまず図であらわして,式を立てる**」。これが,正解にたどりつく秘訣です。

つぎは,〔緑表紙〕『尋常小學算術第四學年下』に出ていた問題です。一つひとつ正解を積み上げていってつぎの式を立てていく「**考えることのしんぼう強さ**」が身につく問題です。

おもしろ算数 4年生-3 米

よし子さんのうちでは,ふつう,お米14kgを5日間に食べます。
① 1日にどれだけ食べるでしょう。
② よし子さんのうちには,大人が3人と子どもが2人います。みんなが,同じだけお米を食べるとすると,1日に1人がどれだけ食べるでしょう。
③ お米を食べるのに,子ども2人分と,大人1人分とが同じだと,1日に大人1人はどれだけ食べるでしょう。子ども1人はどれだけ食べるでしょう。
④ 白米60kgが13200円しました。よし子さんのうちで1日にかかるお米代はいくらですか。

> **答え**

① 2.8 kg
② 560 g (0.56 kg)
③ 大人　700 g (0.7 kg)
　子ども　350 g (0.35 kg)
④ 616円

　子どもたちには，これは「おもしろ算数」ではなく，「苦痛の算数」かもしれません。

　しかし，こういう「**一つひとつ積み上げて正解にたどりつく**」考え方は，いまの算数の問題ではおこなわれなくなりました。

　初めに間違えると，すべて間違ってしまうからです。

　これは，子どもは嫌がります。教員も，子どもの出来がよくなくなるのでさけます。一発で答えができる，「できるような錯覚に陥らせる」公式適用問題ばかりだします。

　これでは，「１０歳の壁」は乗り越えられません。「乗り越える」ためには，「**辛抱強く考えるカラダ**」にならなくてはだめです。これが，「１０歳の壁」を乗り越えるための〔**基礎体力**〕です。

　順に解き方を見ていくと，「４年生にはむずかしい，範囲を超えている」と思われるところもあるかもしれませんが，４年生までの計算力でじゅうぶんに取り組める問題です。

　むずかしいと思われるのは，「**問題を具体化する上での，算数の文章の数学的なよみとり**」です。

① 「１日あたり」を数学的に読み取れるかどうかが，解けるかどうかの分かれ道になっています。「わり算を使う」ことがわか

れば，３年生のときにならった，「１あたりはわり算で出る」という〈算数身体知〉が活きていて，１４÷５＝2.8と出せます。

　小数の計算が苦手な子は「できない」といってきます。しかし，１４０００(g)÷５という計算ならできるでしょう。ここで，子どもに振り回されてはいけません。算数の問題は，**「今までの算数の知識や計算技能をつかえば」，あとは，「数学的な考え方」でなんとか解けるもの**なのです。マニュアルは必要ありません。「マニュアルや公式を習っていないのでできません」という言葉にうなずいてはいけないのです。

　昔は，そろばんで小さい数の計算もやらせていました。ですから，小数計算に非常に長けていたのです。今は，小数計算は，分数のつぎに苦手な計算です。しかも，指導要領で「小数の計算は小数第一位までの計算」と決められるようになって以来，子どもたちから，「辛抱して計算する姿勢」というのが失われ始めています。また，「電卓の利用」が，４年生から入って以来，子どもたちは「楽に・早く」できる方法・機械を求めるようになりました。社会も，それに肯定的です。子どもは，いったん楽をしてしまうと，「困難な，辛抱してやること」にもどすのは至難の業です。

② 「みんながお米を同じだけ食べるとすると，１日に１人がどれだけ食べるか」をどう数学的に読み取るかで答えが出せるかどうかがきまってきます。

　大人は，自然とこういう**「問題文の数学的読みかえ」**（これを，〈**数学的翻訳**〉といいます）をやっているから，子どもたちがなぜわからないか理解できないのです。

　こういう，〈数学的翻訳〉をどうやるかを教えることが４年生で行われなければならないことです。

この問題でイメージがつかめないとすれば,「**簡単な例に置き換えて〈数学的翻訳〉の仕方を教える**」のです。「アメが１２個ある。４人の子どもが同じ数ずつ食べると,１人何個か？」というように,３年生の問題で〈数学的翻訳〉を考えさせます。

　このとき,くれぐれも「(個数)÷(いくつぶん)＝(１あたり)」というマニュアルを持ち出さないようにしてください。それは,「**子ども自身が導き出すこと**」です。

　「この答えもわり算 2.8÷5 で答えが出せる」という〈数学的翻訳〉ができれば,答えはすぐに出ます。

　私たちは,「計算が正しくできるか」に気をとられますが,じつは,「**算数文章の〈数学的翻訳〉(「変形」といってもいいですが)ができるかどうか**」に注意を向けなければいけません。

③　「大人１人分と,子ども２人分が同じとすると」の〈数学的翻訳〉が問題です。ということは,「１日に大人３人分と子ども２人分＝子ども２×３＋２＝８人分」という(数学的翻訳)〈変形〉ができるかどうかです。これができてしまえば,まず「全部子どもだとしたら８人分」だから,2.8÷8＝0.35で,子ども１人分は0.35kg。そして,「大人は子どもの２倍」だから,0.35×2＝0.7で0.7kgと出せます。

　子どもたちには,ノートに「**どうやって出したかの〈数学的翻訳〉のすべてを残す**」ようにいってください。図も含めて。いわば,答えを出す「再現実験記録」なのですから。

④　これは,〈数学的翻訳〉だけ載せておきます。13200÷60＝220,220×2.8＝616(円)となります。

「**ワ**ークテストの題を見て,その問題を解く計算式を決める」という子どもたちが多いことはすでに書きました。題に,「わり

算」と出ていれば，問題をよく読みもしないで「わり算で解く」というように。

　それは，「問題をパターンで解こう」，また，「パターンで解ける」と思っているからです。「算数の文を数学的に翻訳する」ということは，形式的パターンではなく**「文脈に沿って数学的に〈翻訳〉できる」**ということです。臨機応変に，**「問題文の数学的意味を読み取って〈翻訳〉する」**柔軟性がいるのです。

　和算というのは，「どう解くか示されないことが多い」ことを知っていますか。それぞれの流派の「秘伝」になっていたのです。

　しかも，「どうしてそうやって解くか」という意味も示されずに，ただ，簡単な出し方だけが書いてあったといいます。

　ですから，日本では，「なぜそう解くか」の理由を示さずにマニュアルだけ示すというのが普通のこととされていたのです。

　国際学力調査などで，日本の子どもは「説明する力が弱い」と指摘されますが，こういう「マニュアルしか示さない解き方」に慣れてきたせいかもしれません。

　たとえば，つぎの「年れい算」は，いろいろな国で見られるパズルですが，日本では，この解き方をどう伝えてきたのでしょう。

おもしろ算数 4年生-4　年れい算

> いま私の父が３１さいで，私は８さいです。父の年れいが私の年れいの２倍になるのは，いまから何年後ですか。

> **答え**

15年後

　いま,日本の子どもたちはこの問題をどう解くでしょう。

　まず,多くの子どもは,こういう「マニュアルを教えてもらっていない問題」は,あきらめてやらないのです。

　塾に行って,「年れい算の解き方を教えてもらっている」子どもは,マニュアル通りやってマルをもらいます。

　最近多くなってきたのが,塾には行っていないけれど,「力づくでやろう」という子どもたちです。それは,がむしゃらに答えにたどりつこうとする解き方になります。

　そういう子どもたちは,「見込みがある」とわたしは思っています。

　それは,**自分の持っている算数的な力と知恵,そして粘りで「なんとか答えにたどりつこう」としている**からです。

　彼らはまず,どういう「力づく」をしようとするかというと,すぐに,あやふやな式を立てて計算しようとするのではなく,**「問題を図であらわそうとする」**のです。

　これは,基本的な〈算数身体知〉です。

　人間は,数学の系統発生の初めの段階から,**「図であらわして考える」**ということをしてきました。**図は,量であり,具体的なイメージを想像しやすい**からです。数や式は抽象されたものであり,そのままでは,具体的なイメージがわきにくいのです。

　まず,「父は３１歳,私は８歳」という算数の問題文を,つぎのように,「そのまま図であらわす」のです。このとき,線の長

さも、「できるだけ問題文に近く」なるようにします。

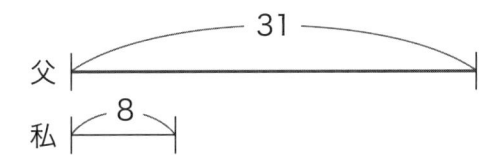

```
          ─── 31 ───
父 ├──────────────────┤
     ─8─
私 ├───┤
```

この図を見ていてわかることはひとつだけです。

「父と子の差は，31 − 8 ＝ 23」ということです。

そうしたらそれを，図のようにすぐに書き入れます。

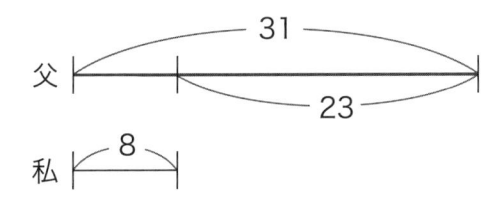

```
          ─── 31 ───
父 ├──────────────────┤
              ─── 23 ───
     ─8─
私 ├───┤
```

そこで，算数の問題文「私の２倍が父の年れい」というのを，どう，図の中で実現できるかを考えます。

そのとき，「大きさを変えないで形を変える」という〈**変形**〉をやる子がいます。図のように。

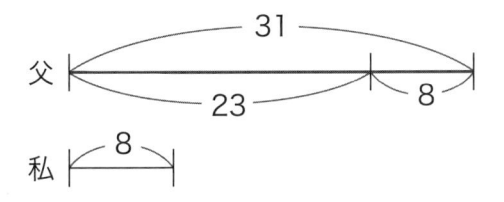

```
          ─── 31 ───
父 ├──────────────┬───┤
     ── 23 ──  ─8─
     ─8─
私 ├───┤
```

「**この大きさを変えないで形を変える**」という考え方は，正しく数学的な考え方です。

ここで，「２倍になる」ということを意識して**図の中で，考えてみる**と，つぎのような「２倍の図」にたどりつければ，解けたも同然です。

```
         ─── 31 ───
       ┌─────────┬────┬──────┐
  父  │          │  8 │      │
       └── 23 ───┴────┴─ 23 ─┘

         ┌──8─┬──────┐
  私    │    │      │
         └─── 23 ────┘
```

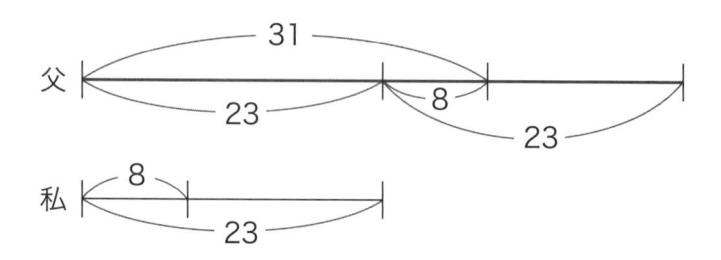

　この「**図であらわされていることを，算数の文に**」します。すると，「私が２３歳になったとき，父は２倍の４６歳になっている」ということがわかります。これが，答えです。

　これで，この「**図で考えたことを式にあらわす**」ことができれば答案ができます。

　式は，３１－８＝２３，２３－８＝１５で答えが出ます。

　最近，学校では「ノートの取り方」を重視しています。「今日勉強することをまず書きます。そして，問題を書いて，式や解き方を書きます。最後に，わかったことを書きます」このひとつながりの「ノートを取るマニュアル」を教えるのです。

　しかし，どの子も黒板に書かれた先生の字をうつしているだけで，「**自分の格闘の跡**」などはまったく見られません。きれいに，みんなそろっています。しかし，それは，上のような自分の「**算数的格闘記録**」ではありません。ですから，「再現できない」のです。自分の〈算数身体知〉になっていないからです。

「**考**えの記録」は図だけではありません。

　「**表であらわす**」ことも，式につながる大事な〈**イメージ化**〉**です**。

　また，子どもたちは，「答えが１個であること」に慣れています。

数学の世界では,「**答えがいくつもある**」ことや「**答えがない**」ことも多くあります。

「たった1個の正解を早く出すマニュアル」だけにこだわる子には耐えられないことのようです。

算数を数学に近づけていくためには,この「答えがいくつもある」ことや「答えがない」ことに「**カラダをならしておかねば**」なりません。

おもしろ算数 4年生-5 果物かご

1こ30円のみかんと1本40円のバナナを50円のはこにつめて,ちょうど400円になるようにしたいと思います。
みかん何個とバナナ何本つめたらいいですか。

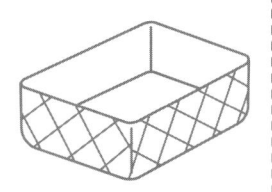

みかん 30円　　バナナ 40円　　はこ 50円

答え

3通りあって，(みかん，バナナ) の数の組は，
(9個，2本)　(5個，5本)　(1個，8本)

　多くの子どもは，(みかん，バナナ) を (5個，5本) を出して，「できた！」と思ってしまいます。低学年ならそれでいいのですが，4年生になると，「**これで答えは出しつくせたか**」と〈**答えを吟味**〉してみるような数学的な感性が求められてきます。「たしかめの式」などをならうのもこのころです。

　ただ，この〈答えの吟味〉，いわれたとおりに「たしかめの式」にあてはめているだけで，吟味にも何にもなっていない場合が多くあります。

　ですから，「たしかめ」も，「中学のたしかめ」につながるように，自分で納得したたしかめ方をつくっていかなければなりません。それは，「**答えを出された問題にあてはめてみる**」という考え方です。そして，「**これで，すべての場合を尽くしている**」という納得も必要です。

　このような「たしかめ」をするには，この問題を解く段階から問題を〈**構造化**〉しなくてはなりません。〈構造化〉とは，「**問題の意味やしくみがわかるように図や表にあらわす**」ことです。

　この問題では，「**問題文を表であらわしてみる**」と構造が見えてきます。

　はこ代50円をいれて400円なので，みかんとバナナの合計は400−50＝350円です。表は金額の大きいバナナを先にきめてからみかんを考えます。すると，つぎの表になります。

40円のバナナ(本)	1	2	3	4	5	6	7	8
30円のみかん(個)	×	9	×	×	5	×	×	1

　この表をつくるにあたって，じつは，大事な数学的思考を使っているのですが，わかりますか。

　それは，「**もし**バナナが，…本**だったら**，みかんは…個に**なる**」というあたりまえの考え方です。

　大人は，無意識にこの〈**仮定 ⇒ 結論の論理**〉を使いますが，子どもにはこれがあたりまえではない，ことに気づきました。

　子どもたちは，日常の中でほとんどこの〈仮定〉の論理を使いません。「そういう文章に出合わない」といった方がいいかもしれません。

　こんなふうに，子どもが〈論理的な考え方〉を日常の中で身につけにくい状況がうまれているので，よけい，こういう算数の問題の中で，「**論理的な思考の基本**」を身につけていかなければならないのです。

4年生で整数の四則計算はすべて出てきますが，計算だけでなく，小数とはなにかという「**考え方になれる**」ことも大事です。

おもしろ算数 4年生-6　**小数のしくみ**

ある人が小数計算で，答えの小数点の位置を1けたまちがって，正解より８６.４も大きくしてしまいました。この計算の正しい答えはいくつですか。

答え

9.6

　この問題，ときどき子どもから，「計算がどんな計算なのかわからないとできません！」といわれます。

　いまの子どもたちは，ストレートにマニュアルが適用できる問題に慣れていますから，こういうマニュアルのはっきりしない問題を嫌がるのです。

　「算数の文章問題を解く」ということは，**「問題文の〈数学的翻訳〉をくりかえす」**ということです。

　この問題を解くのに，どんな計算か知る必要はありません。なぜなら，「答えの小数点の位置のまちがい」の問題だからです。

　まず，そのことに気づかねばなりません。

　そこで，「正解より……大きくなった」ということから，「右に1つ小数点の位置をまちがえた」と〈数学的翻訳〉をします。

　さらに，「右に小数点を1つずらしてしまった」ということは，「出した答えは，正解の10倍になっている」と〈数学的翻訳〉をくりかえします。

　最後に式に結びつく「間違いと正解の差は，正解9個分である」と翻訳すれば答えは見えてきます。

　そこが，よくわからない人は下のように図にあらわしてみます。

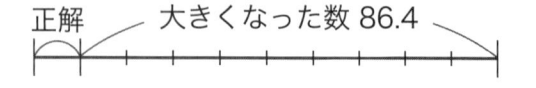

```
 正解   大きくなった数 86.4
├──┼──┼──┼──┼──┼──┼──┼──┼──┤
```

　すると，ここで初めて「式が考えられ」て，86.4 ÷ 9 =

9.6と出てきます。

このように、4年生では、「**算数の文章を式に結びつけるまでの、論理や翻訳のしかた**」を身につけていく必要があるのです。

それが、4年生に必要な「**壁を乗り越えるための〈算数身体知〉**」なのです。

分数は3年生、分数のたし算・ひき算の簡単なものは4年生で出ます。あまりにも計算は簡単ですが、「**理解に意味をともなっていない**」ので、高学年なって、分数の文章題になるとまったくできなくなってしまいます。

その「壁」を乗り越えるには、できるだけ「**文章題の中で分数を考える**」ことが大事になってきます。

算数は、チョットむずかしい問題を「**どうやろう？と素手で考えること**」からはじまります。

おもしろ算数 4年生-7　**おこづかい**

ある人がおこづかいをもらいました。
1週目に、今月もらったおこづかいの$\frac{1}{4}$を使いました。2週目には、のこりの$\frac{1}{2}$を使い、3週目には、そののこりの$\frac{1}{2}$をつかったら、のこりは150円になりました。
今月もらったおこづかいはいくらだったでしょうか。

答え

800円

　わたしは，子どもたちによく「**まだ，問題の解き方を習っていないちょっぴりむずかしい問題に挑戦して解くことができたときのうれしい感覚，それが算数のだいご味なんだよ**」といいます。

　こういう問題を出すと「まだ4年生だから，xはならっていないし，分数のかけ算・わり算はならっていないし……」子どもも大人も苦情をいってきます，

　でも，「4年生の頭と計算力で十分に解ける問題」だと，わたしは思います。

　ただ，問題を読んですぐに式を立てよう，計算して答えを早く出そうとしないでください。

　子どもたちは，そして最近は大学生も，わからないと，「出ている数字でやみくもに計算しようとする」人が多いのです。

　まず，〈問題の構造〉を読み取ります。それをいったん図にあらわし，それから，算数の文章＝式に翻訳します。

　問題文をそのまま図で表します。注意するのは，「**量はできるだけ問題文に合うようにとる**」ということです。

　ここで大事なことは，「のこりのなん分のなに」というところを「全体のなん分のなに」と〈置き換えて〉いくことです。たとえば，「のこりの$\frac{1}{2}$」を「全体の$\frac{3}{8}$」というふうに。

　つまり，図を式に翻訳するには，「**図を量として正しくかく**」ということです。

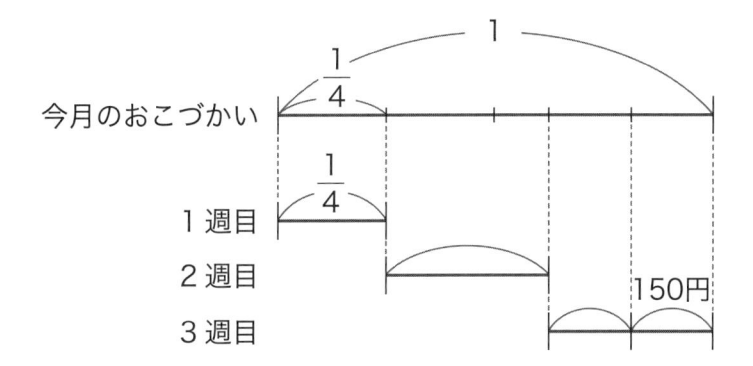

```
                            1
              1  ┌─────────────────────┐
              ─
              4
今月のおこづかい ├──┼──┼──┼──┤
              1
              ─
              4
              ┌──┐
1週目      ├──┤
2週目         ├─────┤
                              150円
3週目              ├──┼──┤
```

これは1つにまとめた方がいい

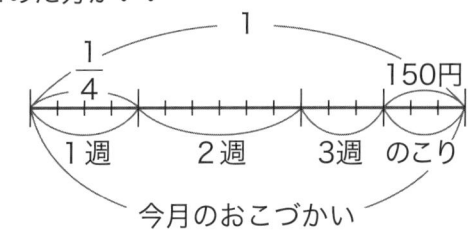

```
              1
         ─              1
         4          ┌────────────────┐
                              150円
    ├──┼──┼──┼──┼──┤
    1週  2週  3週 のこり
     └────────────────┘
       今月のおこづかい
```

　子どもたちは，図をかくというと，「何となくかく」と思っているのですがそうではありません。

　「図で問題を解く」というつもりで，**「算数の文章から，図を量的にも正しくかく」**ことが大事なのです。４年生では，〈数学的抽象〉のレベルを少しずつ上げて，〈１０歳の壁〉を乗り越えていくのです。

　すると，図から全体の$\frac{3}{16}$が１５０円とわかり，全体を出す式が下のように求められます。

　　$150 \div 3 \times 16 = 800$

というふうに。

　図をかくことは，「量と数を結び付けられる」ということです。

ただ，**量感覚がないまま数をいたずらに操作することは「マニュアルを指向」する**ようになります。

計算力というものがあるとすれば，「**現代もとめられている計算力**」というのは，たんに「与えられた計算をする力」だけでなく，「**どんな計算をすればいいかがわかって，それを組み立てて計算する力**」なのではないかと思います。

いろいろな学力調査の結果をみても，日本の子どもたちの得意なのは，「与えられた計算問題で正解を出すこと」であり，苦手なのは，「どういう計算をしたらいいのかを考えつくこと」であるといいます。

3年生までは主に整数計算で答えが出ることが多いので，暗算が得意な子は「カンで」答えを予測して，答えを問題文にあてはめて確かめてしまいます。

しかし，4年生からは，小数・分数の計算がはいってくるので，こういう子どもにとって4年生は〈10歳の壁〉と感じられるでしょう。

4年生になるとこういう「カンで解けない」問題が出てきていいはずですが，学校で出てくるのは，「カンでもできるような簡単な暗算問題」なので，こうした子どもの問題が見過ごされがちです。

単純な小数のかけ算やわり算のたしかめの式はバラバラにできます。しかし，これを「**全体の解答の式として考える**」ということができないのです。

4年生として求められる算数の力というのは，「**論理をたどって問題を解くまでの式の全体がかける**」ということです。

そろばんを使ったときの脳の働きを調べている研究者が，「**単**

純計算しているときは脳はあまり働いていない」ということをよくいいます。

4年生で「使える計算力」というのは，こういう「**知っている算数の計算知識を合わせて解く**」問題をやらせることでついてくるのです。

たとえば，与えられたひき算やかけ算がすらすらできても，つぎのような問題になると固まってしまい，困ってしまいます。

おもしろ算数 4年生-8　どういう計算になるか

ある整数を9でわった商の小数第一位を四捨五入すると20になります。ある整数をもとめましょう。

答え

１７６以上１８４以下の整数

　ここでは，「**図であらわさないまま問題文の数学的翻訳をする**」ことで全体的な式を出していきます。また，問題によっては，**図であらわさないまま問題文から直接に数学的翻訳をしたほうがいい場合があります。**

　この問題では，まず，「小数第一位を四捨五入すると２０になる商」という問題文の〈数学的翻訳〉からはじめます。「この数の範囲は，１９.５以上２０.５未満である」という翻訳は４年生で習うことから導き出せます。

　つぎに，「９でわった商が１９.５×９以上，２０.５×９未満」と翻訳します。

　小数のかけ算の計算 １９.５×９ や ２０.５×９ ができると同時に，こういう小数のかけ算の式から，答えが導き出されることに気づかなければいけないのです。

　ここで初めて，１９.５×９＝１７５.５ や ２０.５×９＝１８４.５ の計算力が求められるのです。逆に，ここまで，論理的にたどりつけなければ，いくら小数のかけ算ができても宝の持ちぐされになっているというわけです。

　最後に，「１７５.５以上１８４.５未満の整数」という翻訳をすれば答えが「１７６から１８４までの整数」と出ます。

　この場合のノートは，「考えた後の全体を示す」という意味で，「個々の部分的な数学的翻訳」も残したほうがいいでしょう。「なぜ最後の小数のかけ算の式にたどりついたかの理由」をはっきり

示すことができるからです。

4年生では、「同分母の分数の簡単なたし算・ひき算しかやらない」ということが指導要領できまっています。しかし、世の中に出てくる計算というのは、そう都合よく指導要領に合わせて出てくるわけではありません。

そういう問題が出ると「できない」と思うのがあたりまえで、そこを〈計算のくふう〉で乗り越えてきたのが算数の歴史です。

この〈計算のくふう〉を習うのが4年生です。

4年生の〈10歳の壁〉を乗り越えるには、この「**計算のくふうを自分のものにする**」ことです。

おもしろ算数 4年生-9　くふうすれば計算できる

つぎの計算をくふうしてやりましょう。

① $1.357 \times 0.4 + \dfrac{6}{10} \times 1.357$

② $\dfrac{1}{2\times 3} = \dfrac{1}{2} - \dfrac{1}{3}$ という計算のきまりがわかっているとき、

$\dfrac{1}{1\times 2} + \dfrac{1}{2\times 3} + \dfrac{1}{3\times 4} + \dfrac{1}{4\times 5} + \dfrac{1}{5\times 6} + \dfrac{1}{6\times 7} + \dfrac{1}{7\times 8} + \dfrac{1}{8\times 9} + \dfrac{1}{9\times 10}$

の計算はどうなるでしょうか。

答え

① 1.357　② $\dfrac{9}{10}$

　この問題を見たとたん，「わぁー無理」というのが多くの子どもたちの反応です。

　「できるかもしれない…いっしょに考えてみよう」と少しずつヒントを出しながら**「式の変形」**を教えていきます。

　まず，4年生でできることを思い起こしてみると，「小数のかけ算はできる」「同じ分母の分数のたし算はできる」「分配の法則は知ってる」ということがあります。

　ですから，ここでは，その**「知ってる・できることを有効に使えるようにする」**のです。

　まずは，共通部分に注目して，分配の法則を使って

① $1.357 \times 0.4 + \dfrac{6}{10} \times 1.357$

　$= 1.357 \times (0.4 + \dfrac{6}{10})$

ここから先は小数でやっても分数でやってもできるはずですから，

　$= 1.357 \times (0.4 + \dfrac{6}{10})$

　$= 1.357 \times (0.4 + 0.6) = 1.357$

となります。

　$\dfrac{6}{10} = 0.6$ というのは4年生で習います。ですから，この計算の中で，そういう変形を有効につかうのです。

②は，例を式の中で有効に使って，式全体を変形していきます。

$$\frac{1}{1\times 2}+\frac{1}{2\times 3}+\frac{1}{3\times 4}+\frac{1}{4\times 5}+\frac{1}{5\times 6}$$
$$+\frac{1}{6\times 7}+\frac{1}{7\times 8}+\frac{1}{8\times 9}+\frac{1}{9\times 10}$$
$$=\frac{1}{1}-\frac{1}{2}+\frac{1}{2}-\frac{1}{3}+\frac{1}{3}-\frac{1}{4}+\frac{1}{4}-\frac{1}{5}+\frac{1}{5}-\frac{1}{6}$$
$$+\frac{1}{6}-\frac{1}{7}+\frac{1}{7}-\frac{1}{8}+\frac{1}{8}-\frac{1}{9}+\frac{1}{9}-\frac{1}{10}$$
$$=\frac{1}{1}-\frac{1}{10}=\frac{9}{10}$$

となります。

つぎに4年生で初めて行う〈面積〉の,重要な考え方〈**等積変形**〉の問題をとりあげましょう。

おもしろ算数 4年生-10 畳しき

日本の畳にはしきかたがあって,「4つのすみが1か所に集まらないようにしく」やくそくになっています。下の6畳と8畳の部屋に畳をしくしき方をかきましょう。

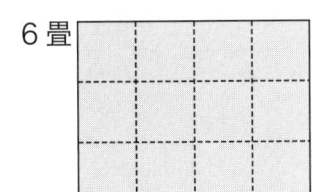

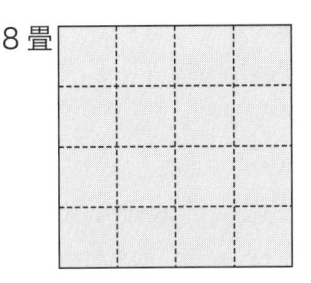

6畳

8畳

答え

(ほかにもしき方はありますが1例として)

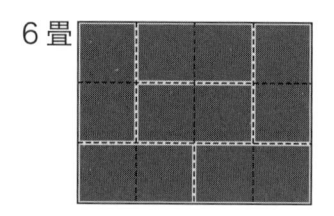

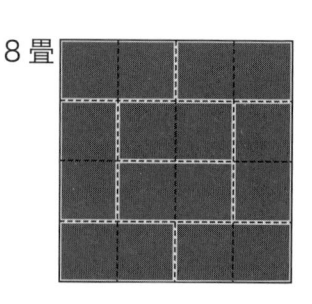

6畳　　　　　　　　　8畳

このように「**きまりにしたがって，向きを変えながらしきつめる**」という〈等積変形〉が面積の基本になります。

オーストリア・ウィーンの〔産業技術博物館〕にいったとき，パズルコーナーで，幼稚園生と思われる子どもが，「等積変形パズル」を一生懸命にやっていたことがあります。イギリスでもそうでしたが，ヨーロッパでは小さいうちからこういう，「**量を保存したまま形を変える**」という遊びに親しませているようです。

こういう，「**量保存の変形感覚**」というのは，小さいうちから鍛えておかないとだめなんですね。

2, 3年生で簡単な「たちあわせ」のパズルをやりました。西洋では，〔ポリオミノ〕といって，ずいぶんたくさん楽しまれてきたようです。ここで，そのなかの，〔テトロミノ〕という少しレベルを上げたしきつめ問題をやってみましょう。

ジグソーパズルというと，写真や絵が描いてあるのが普通です。しかし，最近，能力開発のため「白いジグソーパズル」が宇宙開

おもしろ算数 4年生-11 テトロミノ・ジグソーパズル

図Aは，〔テトロミノ〕という図形です。（正方形を4つつなげてできる形なのでそう呼びます。）図Bを例のように〔テトロミノ〕で図形をうめつくします。〔テトロミノ〕を裏返しに使ってもいいです。

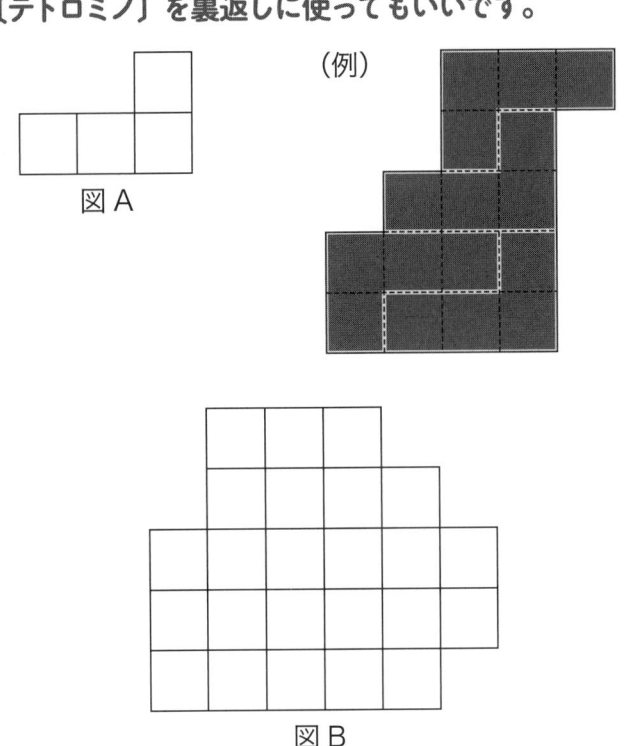

図A

(例)

図B

答え

(ほかにも答えはあります)

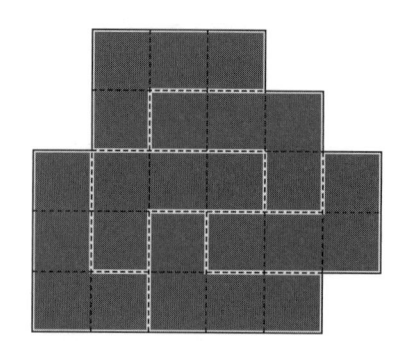

　子どもほど，こういう図形感覚にはするどいものがあります。迷路もそうですが，あっという間に，よろこんでやってしまいます。

　大人になると，「まずできるかどうか疑う」「計算してみたくなる」のです。

　「大人になる」というのは，「**アナログの世界で自在にイメージを駆け巡らせるのではなく，デジタルに物事を計算してとらえたくなる**」ということなのかもしれません。

　こういう，「**アナログの世界で自由にイメージを働かせていく〈身体知〉**」は，子どもならではのものですから，4年生ぐらいまでにもっともっと磨いておきたい感覚です。

　昔からよくおこなわれていた図形遊びに〈タングラム〉（日本では，「清少納言の知恵の板」）があります。これは，次ページの左上のような，正方形を7つに切り分けた〔切片〕を使って，右上のような形を作るという遊びです。

この図形遊びを子どもたちにやらせたところ，小学校4年生まで「算数なんて，絶対にきらい」といっていた子が，「おもしろい！」と夢中になって取り組んでいたのを覚えています。

また，このタングラム，それまで「算数が得意と思われていた子」が意外にできなくて，「まったく算数ダメ」と思われていた子」がかえってできるという，おもしろい現象が見られました。

4年生になると，このタングラムのように，「たちあわせ」も，ずいぶん「図形的」になってきます。

おもしろ算数 4年生-12 たちあわせ

右のような正方形と直角二等辺三角形を組み合わせた形（むかしは「梯形」，いまは，「台形」といいます）があります。これを，この形と同じ4つの小さな台形に切ってください。

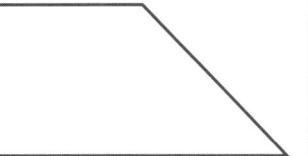

答え

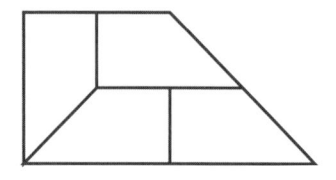

　これは，世界でも有名な「裁ちあわせ」の問題です。

　この「大きな図形が小さな同じ形の図形に切ることができるか」というのは，昔から，図形の問題として有名な問題でした。これは，「遊び（パズル）として」ヨーロッパではやってきました。

　ヒントは，「正方形と直角二等辺三角形を組み合わせた」というところです。つまり，問題の図形を「正方形と直角二等辺三角形に分割すればいい」と分析的に考えるのです（ただ，こういう「分析的な考え方」にも限界があります）。そこで，図のように，マス目をかいて考えます。

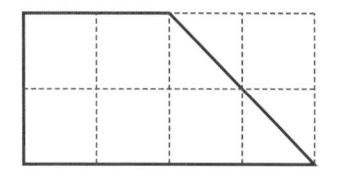

こうすれば，右側の二つの台形はきまってきますから，つぎの図のように，答えが見えてきます。

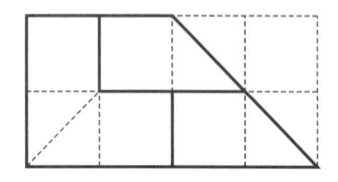

こういう〔変形の練習〕をとおして，同時に，〔直角〕とか〔平行〕とか，〔同じ〕という〔図形感覚〕を磨いているのです。

4 年生の最後に，少し「汗を流さないとどう変形していったらいいかが見えてこない」〈等積変形〉問題をやってみましょう。

おもしろ算数 4年生-13 面積問題の基本

つぎの図は外側の正方形に内側の正方形がはめこんであります。

いま，内側の正方形の面積が１９３ cm² で FB の長さが１２ cm のとき，BG の長さは何 cm になるでしょう。

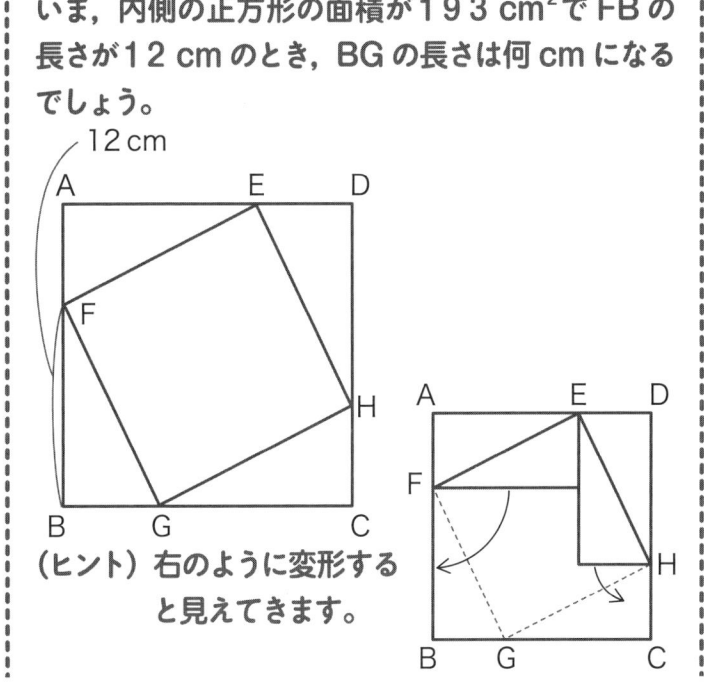

(ヒント) 右のように変形すると見えてきます。

答え

7 cm

子どもたちは正方形の面積の公式は知っています。

しかし,「その公式をしなやかに使うこと」ができないのです。

平行四辺形の面積の公式は知っていても, 下のような〈等積変形〉ができないのとおなじです。

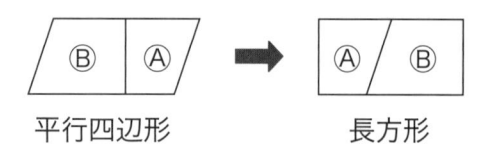

平行四辺形 　→　 長方形

この問題, ヒントの〈**等積変形**〉が見えなければまったく解け**ません**。解くマニュアルもありません。だから,「**ただ公式を覚えているだけではつかえない**」のです。

ヒントをあげても,「それがどうした！」といわれることもあります。

この問題では, ヒントでできた「2つの正方形がもとの正方形 EFGH と同じ面積」であることに気づけるかどうかがカギになります。

次ページの図で「もとの正方形 EFGH と変形して見えてきた2つの正方形 ⑦ と ⑦ を合わせた面積が同じ」って見えますか？

ここまでくれば, もう一息。

正方形 ⑦ の面積＋正方形 ⑦ の面積 ＝ 193 cm² だから,

193 － ⑦ ＝ 193 － 12 × 12 ＝ 193 － 144

＝ 49 ＝ ⑦

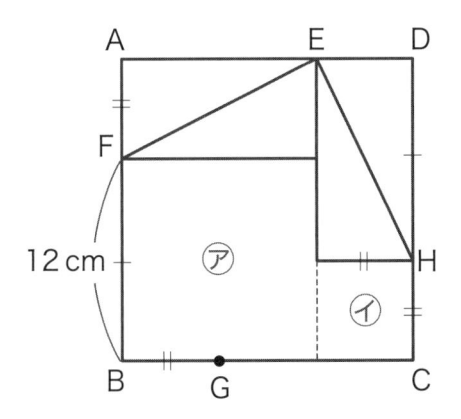

面積が４９cm²の正方形って１辺は７cmですね。

これは、４年生としてはちょっと高度ですが、**「こういう図形的抽象思考ができる」**のが、４年生の〈算数身体知〉です。

どうです、４年生の〔１０歳の壁〕、楽しく乗り越えられそうでしょう。

そうです、「ふかいことを　おもしろく」学ぶことが、壁を乗り越えていく力になるのです。

ここまでくれば、あと一息で乗り越えられます。

⑤年生

「数学のつまずき」の始まりは5年生から

いよいよ、本格的数学を学ぶ準備段階の５年生にはいります。

　算数嫌いが一気に増えるのもちょうどこのころです。同時に、算数ではなく「数学」に出合ってつまずくのもこのころからです。

　つまずくということは、「自分の限界を感じる」ということです。

　そうです、５年生にしてもう「自分の限界を感じて」しまうのです。ちょっと、早すぎると思いませんか。

　世界で数学嫌いが５年生あたりから増えることはよく知られていますが、なぜ、５年生なのでしょう。

　また、国際的な学力調査などでも５年生を対象に行われていますが、なぜでしょう。

　２０１１年の国際数学・理科教育動向調査（TIMSS）が発表され、「成績があがった」と喜んでいる記事が新聞にのっていましたが、学校現場に限ってはそういう雰囲気は感じません。

　むしろ、「数学の学習意欲が世界で最低水準」という記事に、「やっぱりか」と思ってしまう人が多いようです。

　中学の数学嫌いにつながる原因も、この小学校時代の「計算はできるけれどヤル気をなくしている」ところにあります。

　「算数がつまらない → ヤル気が起きない → 算数がわからなくなる → ますます算数が嫌いになる → 算数の勉強をしない → …」という「負のスパイラル」に入り込んでいるのです。

　この本の最初に書いた学級崩壊して「算数の学びから逃走」した子どもたちの例も５年生でした。

　５年生の時期というのは、じつは、算数の学びにとっては「数学の危機」のときでもあります。

　学校が「学ぶ内容の数学的変化」の重大さに気づかないことからも、また、子どもたちが「数学的に学ぶことへの変化」につい

ていけない状況からも,「危機」といえるのです。

　５年生からの算数の学びには,とくに,大人にも子どもにも〈数学的学び〉が求められます。

　学ぶ内容も,計算は卒業して,数学に足を踏み入れています。

　内容の変化を見てみると,

① これまで計算ですんでいたものがそうはいかない

② これまでは,答えが合っていればそれでよかったがそうはいかない

③ 式や図も含めて,「どう解いたのか」という論理的説明が求められる

④ 式や図形の論理的〈同値変形〉が求められる

⑤ これまで,単独で数式や図形を考えていればよかったが,「関係をみる」力が求められる。

　この内容変化は,それこそ「数学そのものへの変化」です。

　これは,単なる計算や,公式やマニュアル暗記で乗り越えることができる変化ではありません。それまで,「早く・簡単に・正解を出す」マニュアルで乗り越えてきた算数の壁が,これまで通りではどうにも乗り越えようがなくなってきたことを意味しています。

　この〔負のサイクル〕を断ち切るには,個々の算数の内容に個別的に対処法をマニュアルで考えるのではだめです。「算数を学ぶ姿勢」を根本から変化させていかなければなりません。それこそ,５年生ならではの〈算数身体知〉をつけていくのです。

　まずは,「算数というのは早く,簡単に,たった１個の正解にたどりつくマニュアルを覚える」というかたよった功利的な考え方をすてることです。

　それには,「**算数を自分の頭で解くことはおもしろいんだ**」と

いうことを,カラダにわからせるのです。そして,そうやって考えること自体が「気持ちいいこと」ということをカラダに味あわせるのです。「**自力で解く**」ことで,体内にあたかも〈快感物質〉が出てくるようなカラダに変えていくのです。

そういうふうに「**ふかいことを　おもしろく学ぶ**」ことで,じつは,「**つぎにつながる意欲**」を自分の中に生み出しているのです。これが,〈負のサイクル〉を断ち切る学び方なのです。

わたしは,小学校で,いそがずに「ふかい算数を　おもしろく学んだ」子どもたちが,中学校に行っても,「ふかい数学を　おもしろく学ぶ」生徒になっている例をたくさん見てきました。

❺ 年生では,計算は「暗算やカン」にたよって正解を出すという解き方から,「**文章から〈数の関係〉を読み取って,それに合った出し方や説明をする**」という解き方に変えていくことが求められます。

つまり,結果だけではなく,「そこに至る経過」そのものが重視されるのです。「**経過そのものを説明する**」ことが,〈**解答**〉に**なってきます**。

それは,「**考えを説明する**」ことです。しかも,ある程度論理的に。

これまで,子どもたちは,「感じたことを伝える」ことに慣れてきました。他の教科でもそうです。それは,「伝える」という一方向のものでした。

「感じたこと」を,伝えることはできますが,説明することはむずかしいのです。「**説明する**」というのは,「**考えたこと**」を相手に理解できるように表現することです。

そこには,**相手に伝わる「数学的な説明の仕方」**があるのです。

「数学的な説明」というのが，中学の数学の一番中心になることです。

それを，5年生からそろそろ始めていかなければなりません。

まずは，「実際にやってみて説明する」ことから始めましょう。

つぎの問題は，世界中でいろいろなパズルの本にくり返し出てくる問題です。「計算した結果の〈数〉を答えとするのでなく，〈説明〉を答えとする」問題としては一番いいでしょう。

8世紀，イギリス・カンタベリーの修道僧アルクインが「若者の心を鍛える問題」として考えたのがこの問題といわれています。

おもしろ算数 5年生-1　川渡り問題

1匹のオオカミと1匹のひつじをつれ，1個のキャベツを持った男がいました。橋のない川にさしかかったので，船を1そうかりて向こう岸に渡ることにしました。

しかし，この船は小さく男が船に乗ると，あとオオカミ・ひつじ・キャベツのうち，どれか1つしか乗せることができません。

けれど注意して乗せないと，オオカミとひつじをいっしょに残せばオオカミはひつじを食べてしまうし，ひつじとキャベツをいっしょに残せばひつじはキャベツを食べてしまいます。

どれも食べられることなく向こう岸に渡るには，どのようにすればいいですか。

答え

① はじめにひつじを向こう岸に渡す。
② つぎに, オオカミ（または, キャベツ）を向こう岸に渡す。
③ もどるときに, ひつじを連れて帰る。
④ ひつじをおろし, 残っているキャベツ（または, オオカミ）を向こう岸に渡す。
⑤ 最後に, ひつじを渡す。

　この問題, 低学年では, 絵をつけて出します。そして, それを「実際に操作しながら」やらせます。

　しかし, 5年生では,「文章だけ出して, あとは各自にやらせ」ます。

　なぜ出題の仕方を変えるかというと, 5年生では,「**算数の文章の具体的イメージ化**」も自分でやらせるからです。絵で表して考える子もいれば, 頭のなかの想像で考える子もいます。

　要は,「**自分流を見つける**」のです。

　自分は,「**どんなタイプのイメージ化をするのか**」を気づくのです。

　この問題を解くカギは,「③のひつじをもどすことに気づけるかどうか」です。

　こういう,「**移動の論理**」に慣れていくことも大事です。

子どもたちは（最近は大人も！）, コンピューターゲームにはまっています。スマホで, ソーシャルネットワークゲームなる対戦型のコンピューターゲームが出てきてから余計, やる時間がふ

え，病的になってくる子さえいて，「社会問題」になっています。

コンピューターゲームは，「正解か，不正解か」しかありません。「勝ち負けだけが問題」で，「途中なんかどうでもいい」のです。

しかし，数学というのは「**結果よりも，途中こそが大事**」なのです。「**どう考えたか**」**という考え方を示すのが，「数学の解答」なのです。**

昔は，コンピューターゲームなどという機械はありませんでしたから，身近に転がっているものでよく友だちとゲームをしました。たとえば，つぎの「ご石とりゲーム」のように。こういう，身近なものを使ったゲームは，ブラックボックスではないので，「こうすれば，こうなる」ということが，やっているものにもわかります。「**途中経過をイメージできる**」のです。こういう途中経過がイメージできることが〈数学的論理力〉を育てるのです。

さて，あなたはつぎの「途中をどう考えますか？」

おもしろ算数 5年生-2 ご石とりゲーム

2人で「ご石とりゲーム」をしました。
黒いご石1個と白いご石9個の合計10個のご石を用意し，「2人で順番に1個から3個のご石を取り合っていく」というゲームです。「最後に黒いご石をとった人が負け」だとします。
このゲームで，「最初にご石をとった人が必ず勝つ」という取り方を発見してください。

答え

はじめに白いご石を1個とる

　この答えに，昔からよくこのゲームをやっていた子どもは気づいていました。

　将棋や囲碁というのは，こういう「**先を読む**」(「**論理的に移動をイメージする**」) ゲームです。

　こういうのが得意な子は，ゲームを何度もやるなかで，〈**イメージする力**〉を育ててきたのです。

　ですから，この問題を一度やるだけで，論理で考えて「必ず勝つ方法を発見できる」わけではありません。

　囲碁や将棋，オセロ，チェスなどの昔からのアナログゲームをよくやる子は，このゲームが初めてでも，「**論理的に移動を考える〈算数身体知〉**」がついているんですね。

　将棋をよくやる子が「先生，迷路と同じで，〈ゴールから逆に考える〉といいんです」といってきました。

　「1回にご石1個から3個とれる」という〈条件〉で，「とる前の段階で白石が最高何個までのこっていればいいか」を考えます。(「黒石はもちろん残っている」と考えます)

最後の前：白石0個（黒石1個）→（相手）黒石をとるしかない

「最大3個までとれる」のだから，

その前　：白石3個（黒石1個）→（自分）白石3個（残っている数だけ）とる

「最低1個は取らなければいけない」のだから

その前　：白石4個（黒石1個）→（相手）白石1〜3個とれる

「最大3個まで取れる」のだから

その前 ：白石7個（黒石1個）→（自分）白石3個（白石が4個残るように）とる

「最低1個は取らなければいけない」のだから

その前 ：白石8個（黒石1個）→（相手）白石1～3個とれる

　こう考えると，初めに「白石9個あるときは，初めの人（この場合は自分）が1個とれば勝てる」ということになります。

「ご石が動く必然性をイメージしながら」同時に，**「移動の規則性」も発見している**わけです。

　このように，**「イメージするのと同時に数学的きまりが考えられ」**るようになってくればしめたものです。

5年生では，「数学的に説明する」という力が求められはじめるといいました。

　と同時に，**「なぜそうなるのか」**という〈理由を説明する力〉も求められてきます。

　つぎの有名な和算を，公式やマニュアルを使わないで**「考えを説明して解いて」**みてください。

おもしろ算数 5年生-3　つるかめ算

つるとカメとが合わせて20匹います。足の数の合計は52本です。つるとカメとは，それぞれ何匹いますか。どう考えたか文章や式で相手に分かるように説明して答えを出してください。

答え

（自分なりの解き方，式の出し方の理由を説明して）
つる14匹，カメ6匹

　こういう問題を出すと，今の子どもたちの典型的な「説明的な答え」というのはこうなります。

　「（カンで）つるを14匹だとすると，足の数は，2×14＝28。そうすると，カメは6匹で，足の数は，4×6＝24。足の合計は，28＋24＝52で，『合ってる！』」

　こういう，あいだに「日本語が入っている（説明がある？）」のはまだいいほうで，式だけ書くか，答えだけ書いてそれで「説明している」という子どもたちがほとんどです。

　これは，〈説明〉ではありませんね。感覚で出した数をあてはめて，「あってるだろ！」といっているだけです。ほぼ，95％の子どもがこれを〈説明する〉ことだと思っています。それが，問題なのです。

　「こういう説明のできない子どもたち」は，大学生まで続き，2013年に，日本数学会でおこなった学生たちの数学力調査の結果でも，この「数学的説明がわからない大学生」のことが大きな問題となりました。

　この結果は仕方がないと思います。「解答マニュアル」は教えてもらっていても，手のかかる「数学的説明」の訓練を受けていないので，自分の〈数学身体知〉となっていないのです。

　では，この訓練はいつからやったらいいかというと，この5年生ぐらいからやっておく必要があるのです。

ある将棋好きの塾に行っていない5年生が、つぎのように「説明」してくれました。

「まず、全部の足の数を〇でこのようにかきます。

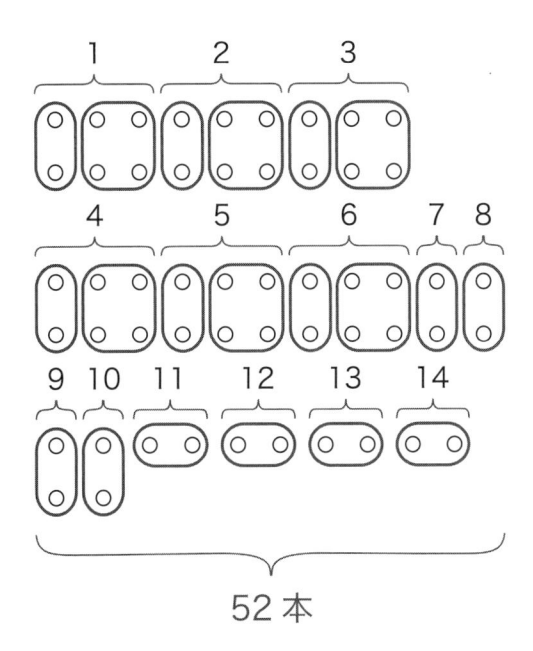

52本

それから、つるの足2本とカメの足4本を組みにして図みたいに大きな〇でかこんでいきます。

ただし、「合計が20匹」になるように途中から注意して〇をつけます。

どのあたりから注意するかというと、「合計20匹」だから、20÷2＝10（組）以下になるはずです。

10組だとすると、足の数は60本だから、実際の足の数は60－52＝8だけ足りなくなる計算に注目して、足りなくなるカメの数を出すと、8÷2＝4（匹）ということになります。

ですから、10－4＝6（匹）のところでカメの〇つけをや

めます。

　つまり，上の図から，カメ6匹，つる14匹ということがわかります。」

　わたしは，この説明をきいたときに感動しました。

　なにに感動したかというと，よくわかっていない公式やマニュアルでなく**「自分の言葉で説明している！」**ということに，です。

　私たちは，「こういう子どもこそ大事にしなければいけない」のではないでしょうか。また，「こういう子どもの姿を見るような授業をしなければいけない」のではないでしょうか。

　どこかで教わったマニュアルでこぎれいに解いてきたよりもすごくほめてあげたら，その子は，うれしそうに（**自分で解いた〔快感物質〕が出ている顔で**）帰っていきました。

　多くの子どもたちは，「簡単に解けるマニュアル」を教えてもらいたがります。

　しかし，こういう求めに応えて解くマニュアルを安易に教えていては，このような自ら考える子は育ってこないのです。

　どこかで習った子や受験参考書は次のようなマニュアルで解いているのです。

　「出したいものの個数は，つるかカメかどちらか出したいものだけだと仮定して，そのときの（足の数の差）÷2の公式で出せる」と書いてあります。

　たとえば，つるを10匹とすると，カメも10匹なので，足の数の差は（(20+40)−52＝8本)。したがって，(足の数の差)÷2＝4。よって，つるは10+4＝14匹。

　これを使った人は，「なぜこれで出せるか」を「文章や式で説明すること」をこころがけてください。説明することができなければ，自分の〈身体知〉になっていないのです。

つぎのような中学の入学試験問題がありました。これを，〈算数身体知〉となった解き方で解いてください。

おもしろ算数 5年生-4 じゃんけんゲーム

長い階段のまんなかあたりに，けんじさんとまなみさんがいます。
いま，じゃんけんをして，
「勝った人は2段上がり」
「負けた人は1段下がる」
とします。
10回じゃんけんをして，まなみさんが最初の位置より14段だけ上の段にいました。けんじさんは最初の位置から数えて，上下どちらに何段の位置にいますか。

答え

4段下

　これは、「つるかめ算だ！」とわかった人は、〈算数身体知〉がついてきています。

　ここでは、気がつかない人を想定して、自分なりの「文章の〈数学的翻訳〉」をこころみます。

　この文章の記述は「まなみさんにかんすることしかいっていない」わけですから、まなみさんに注目します。

　つまり、「まなみさんが何回勝って、何回負けたか」です。

　ここから先は「力づく」でやっていきます。

　そこで使う〈数学身体知〉は、「もし〜だったら、結果は〜である」という考え方です。それで、あてはまる場合を見つけていくのです。

　まなみさんが「全部勝てば２０段上にいる」わけですから、１４段ということは、何回か負けていることです。

　まなみさんが、１回負けて９回勝ったとすると、$2 \times 9 - 1 = 17$でだめ。

　２回負けて８回勝ったとすると、$2 \times 8 - 2 = 14$でOK。

　つるかめ算とわかった人は、$(20 - 14) \div (1 + 2) = 2$でまなみさんが２回負けたと出します。

　そこで、答えは、けんじ君は$2 \times 2 = 4$段上がって、$8 \times 1 = 8$段下がるわけですから、答えは「4段下」となるのです。

　いまの子どもたちの多くが、「計算はいいけれど文章題は苦

手」です。その理由をきくと、「文章を読みこなすのが面倒くさい」「意味がわかんない」という答えがかえってきます。

よく、数学者で**数学は国語力！**という人がいますが、それは「ある意味そう」なのかもしれません。

「では、読書をたくさんすれば数学ができるようになりますか？」ときかれますが、これは結果論であって、「読書をすれば数学ができるようになる」とはかぎりません。

「数学は国語」といったとき、それはどういうことを意味しているのかというと、「**文章を論理的に読むとききまりがわかって、図や式にあらわそうとする**」ということです。

つぎのような問題、意味を読み取ってきまりを見つけ、図や式にあらわして解くことができますか。

おもしろ算数 5年生-5 式を立てられますか？

アメリカの寿司屋さんで職人がたりずにロボットをいれることにし、職人とロボットのどちらが多くにぎれるか競争しました。
職人は、「最初の1分間に25個、1分すぎるごとににぎれる数が1個ずつへっていき、どんなに能率が落ちても1分間に最低15個はにぎれる」といいます。
ロボットは、「1分間でいつも20個の寿司をにぎる」ことができます。
職人が700個の寿司をにぎるあいだに、ロボットは何個寿司がにぎれますか。

答え

860個

　この問題は，比較的意味を取りやすい文章です。

　「ああ，職人が何分で７００個の寿司をにぎれるかがわかれば，もう終わりだな！」とわかれば，あとは計算するだけです。

　この，「**ああ…！**」とつぶやける〈算数身体知〉をつけるために，「**論理的な文章を読みこなす**」練習が日常おこなわれなければなりません。

　あと，わかりにくい人は「**図にして考える**」**というのも式にたどり着くまでのひと工夫**ですね。

　たとえば，こんな図をかいた人は（ほかにもあります），

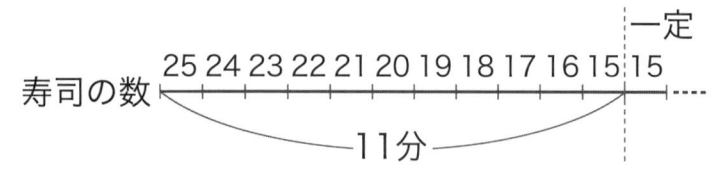

```
                                              一定
       25 24 23 22 21 20 19 18 17 16 15 15
寿司の数├──┼──┼──┼──┼──┼──┼──┼──┼──┼──┼──┤────
                    └──────11分──────┘
```

　２５個から１５個に落ちるまでに１１分で，にぎったすしの個数は，

　　２５＋２４＋２３＋…＋１７＋１６＋１５＝４０×５＋２０
　　＝２２０（個）。

　７００個までにはあと７００－２２０＝４８０（個）。これを，１分間で１５個にぎるのだから，

　　４８０÷１５＝３２（分）。

　１１＋３２＝４３分間にロボットがにぎれる寿司の個数は，２０×４３＝８６０（個）ということになります。

出ている数字で適当に式を立てて答えを出すのと，考え方を式にあらわして答えを出すのとでは，たとえ，答えがあっていたとしても，「つぎにつながる力（「汎用力」とでもいうのでしょうか）」がぜんぜんちがってくるのです。

2年生で，「〔数独〕のような問題」をやりました。今度は本当の〔数独〕をやってみましょう。〔数独〕は，「**数をあたかもカードのように見て，位置関係も同時に見る**」という頭の体操ですね。「計算しない魔方陣」とでもいいましょうか。

おもしろ算数 5年生-6　計算しない魔方陣

タテ，ヨコ，ナナメの4つのマス目に，同じ数がはいらないようにそれぞれ1，2，3，4の数を1つずついれます。下の図のようにマス目に数がはいっているとき，◎のところには何が入りますか。

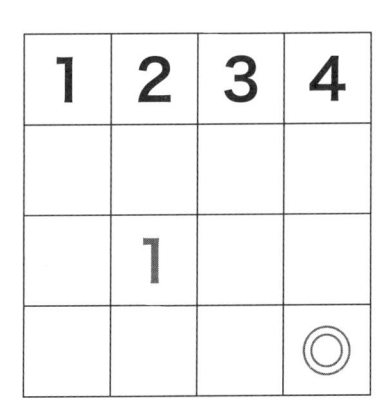

1	2	3	4
	1		
			◎

答え

2

「詰将棋」とおなじで,「**ここにはこれしかこない**」**と論理的に考えて**,◎のところには「2か3しかこない」と考えます。(右図参照)

「**もし3だとすると**」,右下図の←のところは4になります。

そうすると,○印のところにはいる数が**なくなってしまいます**。

そこで,「◎は2がはいる」ということがわかります。

この〔数独〕の完成図は,

1	2	3	4
4	3	2	1
2	1	4	3
3	4	1	2

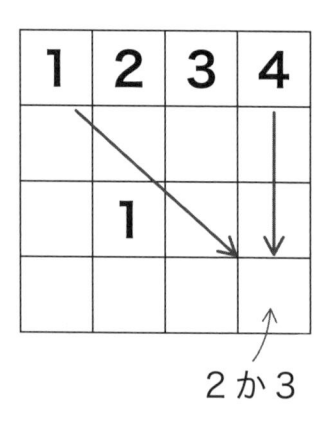

となります。

本の算数教科書で足りないのは,「〈**移動**〉**を説明する算数**」だということを,マッチぼうパズルのところで書きました。

5年生では,この〈移動〉を説明する学習が多くなります。角度を出すことも,面積を求めることも,関数も基本的には〈移動〉の考え方で答えを求めていきます。

この〈移動の算数〉は,ヨーロッパでも和算でも数多くの問題が出されています。

おもしろ
算数
5年生- 7　ご石を動かす

つくえの上にご石が6こ,黒,白,黒,白,…とこうごにならべておいてあります。

●○●○●○

このご石を,「となりあった石2個を同時に右か左のあいているところへ動かし」て

○○○●●●

というならび方に,「できるだけ少ない回数で」ならべかえてください。

答え

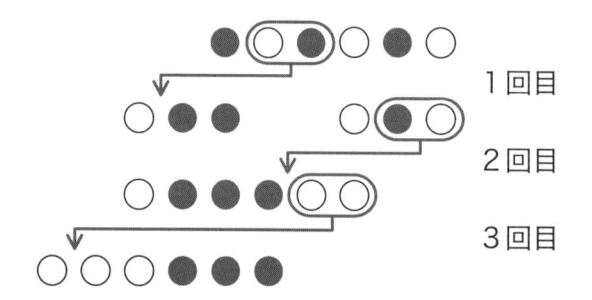

3回

```
    ● ○ ● ○ ● ○
        ↓           1回目
    ○ ● ○   ● ●
            ↓       2回目
    ○ ● ○ ● ● ○
            ↓       3回目
    ○ ○ ○ ● ● ●
```

　答えの出しかたはほかにもありますが，これも小さい頃の，「**実際にやった体験**」〈身体知〉**がものをいう**のです。

　「数独」だけでなく，こういうふうに算数の勉強としてやるより，遊びとして楽しんだもののほうが，あとあと自分の中に〈算数身体知〉として残っていくのです。「**大人になっても楽しめる算数**」をこの時期に学んでおくことが大切なのです。

〔面積〕は4年生で初めて出てきますが，「公式」を考えさせるのは5年生からですから，中学につながる〔面積〕は5年生で学ぶものといえます。

　5年生からは円も含めて，〈**同値変形**〉や〈**数学的説明**〉を求められる問題に大きく変化していきます。これも，中学の〈論証〉や〈ピタゴラスの定理〉など有名な図形の性質につながっていっているからなのです。

　ここで，前に紹介した〔緑表紙〕4年生用（！）にのっていた〔**等積変形**〕**の**〈**説明**〉の問題をやってみましょう。

おもしろ算数 5年生-8 切りばり

正五角形を右のように，4つに切ります。この4つの切片（切りはなした図形のこと）を使って，下の 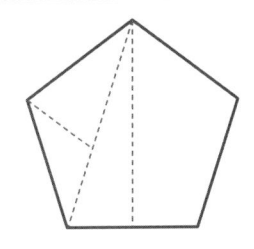
① 矩形（長方形）
② 梯形（台形）
③ 平行四辺形
④ 梯形（台形）

を組み立てることができるかどうかたしかめ，組み立てられるときは，組み立て方をしめしてください。

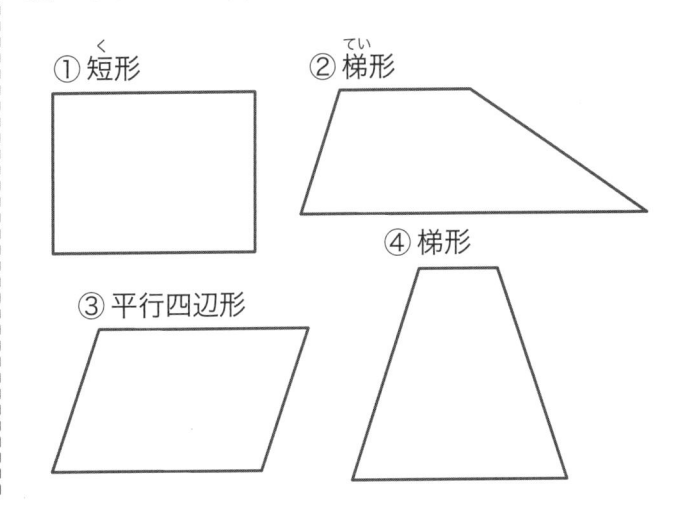

① 短形

② 梯形

③ 平行四辺形

④ 梯形

答え

全部できる。組み合わせ方は，つぎのとおり。

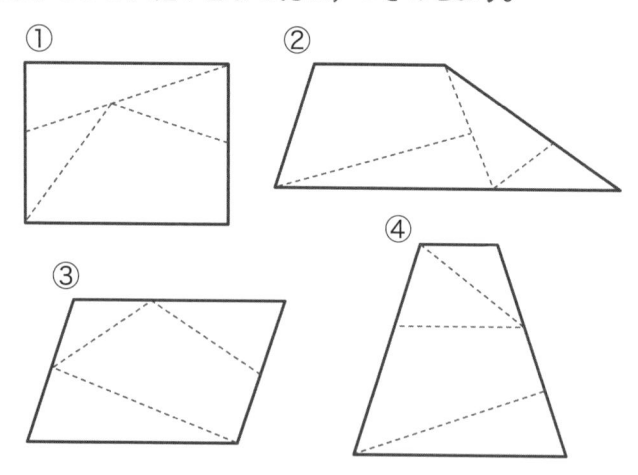

① ② ③ ④

この問題の出し方のすぐれているのは，

1．〔面積〕を計算と考えさせていない
2．〔面積〕の基本的な考え方は〔等積変形〕としている
3．〔答え〕を〔計算〕で出させないで，〔説明〕で出させている
4．数値をともなわない「図形的な変形の考え方」を求めている

という点で，「これはすごい」というほかありません。

〔面積〕のところで子どもたちにどういう〈数学的考え方〉をさせたいか，「数学教育の視点にぶれがない」のです。

つぎの問題は，アインシュタインも悩ませたという，有名なパズル問題です。

〔面積〕での，〔図形的な変形〕と〔公式・計算〕の盲点を突くおもしろい問題です。

「**数学を学んでいく上でなにが大切なのか**」ということを考えさせるのにとてもいい問題です。

おもしろ算数 5年生-9 なぜだろう？

下の図(ア)のように，1辺8cmの正方形をかいて，図のように切り4つの図形を作ります。
① それを組み合わせて，図(イ)の長方形を作ります。どのように組み合わせますか。組み合わせ方をかいてください。
② (ア)の正方形の面積と，(イ)の長方形の面積を求めます。不思議なことに気づきますか。なぜこんなことになるのか説明してください。

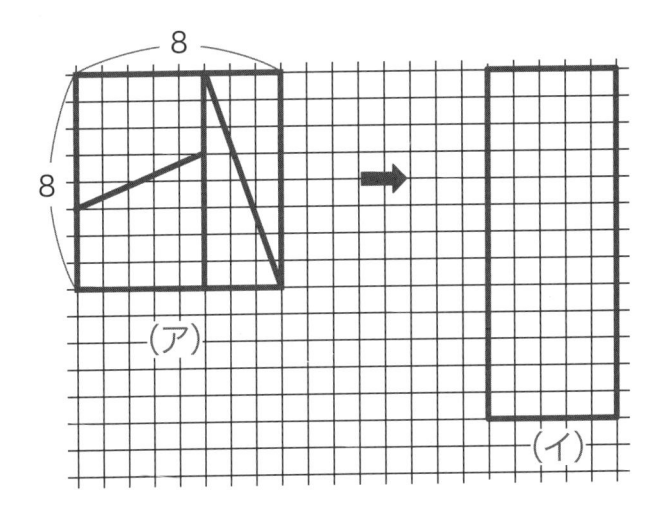

答え

①

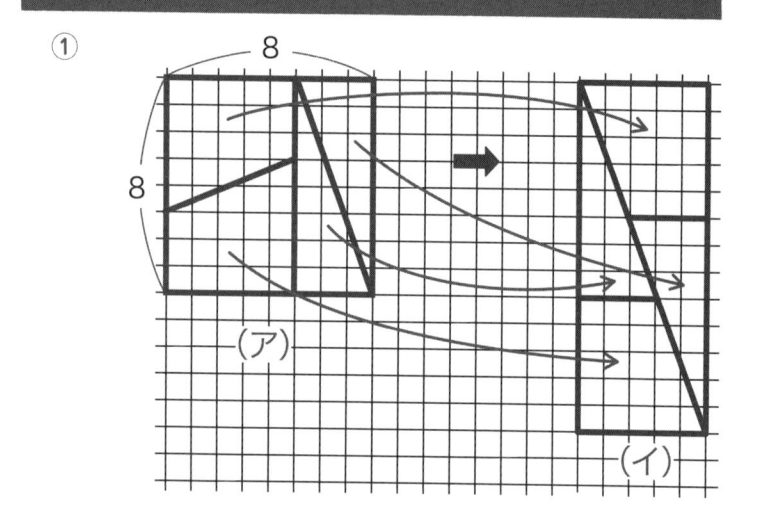

② （ア）正方形 ＝ (1辺)×(1辺) だから,
　　　　$8 \times 8 = 64$ (cm^2)
　（イ）長方形 ＝ (タテ)×(ヨコ) だから,
　　　　$13 \times 5 = 65$ (cm^2)

〔等積変形〕したはずなのに,「公式で計算すると長方形が1(cm^2)大きくなっている！」という不思議なことになっているのです。

この問題は,とりもなおさず私たちの〈数学的思考〉がどうあるべきかを示しています。

「数式はそのままでは考えることに向いていないし,図だけにたよった思考をしてもだめだ。両方をバランスよくつかうこと」
なのです。

では,子どもたちの反応はどうでしょう。

タイプ１：何が不思議なのかわからない。これが９割でしょう。

　タイプ２：計算間違いと思って何回もやり直す。計算の得意な子はこうします。

　タイプ３：正方形の１辺や長方形のタテ・ヨコの長さが違うのではないかと思う。

　タイプ２の子は算数がよくできる子の反応でしょう。

　タイプ３の子はジグソーパズルやタングラムなど図形に日ごろから親しんでいる子です。

　タイプ４：どこかが違っていると何度も図をかいて発見しようとしている。

　この問題、「計算と作図」のおちいりやすい盲点をあらわしているのですが、それよりも問題なのは、「不思議があっても、なぜだろう」と考えない子がほとんどだという事実です。

　「いろいろなことにおもしろいと思わなくなった」とは、長く教員をやった人間の共通のなげきです。

　５年生でつちかわなければいけない〈算数身体知〉は、まず、**「不思議だと感じる」**ことであり、**「なぜだろう？と考える」**ことなのです。

　とくに、**「なぜだろうと図で考えてそれを数式であらわす」**〈**説明力**〉は、中学の数学につながっていく大事な〈算数身体知〉です。

　ちなみに、この問題、「作図のトリック」で、「人間が現実の世界で量を正確に図で表現することはむずかしい」ことを示す良い例なのです。「数字は高度に抽象されたもので勘違いすることは少ない」けれど、「量を表す図は、錯覚も生まれるし、トリックも働く」ことを示しています。

　正しくかき、切り取って組み立てると、長方形には「左右の三

角形のつなぎめに微妙なすきま」があるのです。そのわずかなすきまが1cm^{2}あるのです。気になる人は、正確にやってたしかめてみてください。

こういうことに〈気づく才能〉も大事ですが、むしろ、今の小学生の段階では、〈気にする心〉をもつことです。

以前は、これを「子どもの好奇心」といいましたが、いまは、むしろ高齢者の方が「おとろえぬ好奇心」を持っているようです。

「不思議な結果になること」「思いもかけない答えになること」

というのが〈数学の世界〉にはよくあります。その結果が、普通に考えたのでは想像もできない、予想と大幅に違うことがよくあります。

「だから数学はおもしろい」と思うか、「だから数学は信じられない」と思うか、数学を学ぶ上での大きな別れ道です。

その「数学の不思議」は、「〈無限〉にかかわること」が多いのです。「アキレスは亀に勝てない」や「飛ぶ矢は飛ばない」です。

しかし、今の小学校で〈無限〉は教えません。一つ前の指導要領では、「小数の計算は小数第一位までの計算を筆算でやり、むずかしい小数計算は電卓でやる」となっていました。今度の指導要領では、多少むずかしい小数計算も入ってきていますが、〈無限〉は出てきません。

「簡単な計算にしてみんなができるようになるように」ということから、計算の負担（？）を減らしたようですが、その結果は「みんなが計算も辛抱強くできなくなり、〈計算から考える〉という算数活動」もできなくなったのです。

小学校で、また、普段の生活の中で〈無限〉は出てこないかというと、そうではありません。電子機器の多くは〈無限〉の概念

抜きにはできなかった機械です。また，5年生では，〈超越数（無限の非循環小数)〉である〈円周率〉が出てきます。

〈無限〉が算数を勉強する上で，大事な概念であることは，戦前の〔緑表紙〕の教科書を作った人たちにはわかっていたようで，「今ではとても考えられないムズカシイ問題」を出していたのです。5年生で〈円周率〉が出る前に，また，中学の数学につなげていくためにも，この時期に「**無限に続くとはどういうことか**」ということを考えてみましょう。

おもしろ算数 5年生-10　木はどこまでのびるか

あるところに，1本の木が生えました。最初の1年に高さが1メートルとなり，つぎの1年に50センチメートルのび，そのつぎの1年に25センチメートルのびるというように，毎年その前年にのびた長さの半分だけのびるものとすると，この木はどこまでのびるでしょう。

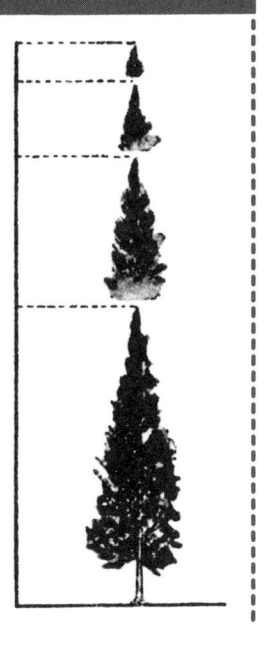

答え

かぎりなく２ｍに近づく

　この問題をだれがいつどうやって作ったのか知るよしもないのですが，今から見ると非常に面白い問題なのです。

　おそらく，外国の教科書に同じような問題がのっていたのでしょう。

　じじつ，世界のパズル問題のなかにはこういう「無限級数」の問題はたくさんあるからです。

　逆に，日本の和算のなかにはこういう種類の問題はあまりありません。

　そういう意味では，この問題は日本の算数の問題としては，「異色の問題」といえるでしょう。

　しかも，計算が好きで得意な日本人にふさわしく「計算の問題」に変えています。

　わたしは，当時の子どもたちがこの問題に出合ったとき，「どういう顔をしたか？」「こまったか？」「どう答えを出したか？」ということに興味がひかれます。

　計算が得意だった当時の子どもたちは，そろばんで苦もなく，「のびた長さ」を計算で出せたにちがいありません。

　この同じ問題を，今の５年生の子どもたちにやらせてみると，「非常にいやがる」「まったくできない」のです。

　これは，ある程度予想できましたが，塾に通って中学受験の準備をして，こういうパズル問題に慣れている子でもなかなかできません。昔の子どもたちより，おそらく正答率はかなり低いので

はないでしょうか。

それは,「無限の考え方をさけた」,「はっきりした答えを出したがる」これまでの算数教育の姿をよくあらわしています。

答えの出し方は,単純です。「前年の伸びた長さの半分だけ伸びる」のを,計算していけばいいのですから。

ただ,「無限に」というのが,くせものです。

いまの5年生にやらせると,多くの子どもが「無限に大きくなる」と答えてきます。

つまり,「無限に伸びる ＝ 無限に大きくなる」のです！

表にまとめて,「きまり」を見つけましょう。

1年目　1m

2年目　1m＋50cm＝1m50cm

3年目　1m＋50cm＋25cm＝1m75cm

4年目　1m＋50cm＋25cm＋12cm5mm
　　　＝1m87cm5mm

5年目　1m＋50cm＋25cm＋12cm5mm＋6cm2.5mm
　　　＝1m93cm7.5mm

6年目　1m＋50cm＋25cm＋12cm5mm＋6cm2.5mm
　　　＋3cm1.25mm
　　　＝1m96cm8.75mm

7年目　1m＋50cm＋25cm＋12cm5mm＋6cm2.5mm
　　　＋3cm1.25mm＋1cm5.625mm
　　　＝1m98cm4.375mm

………

さて,どこまでやればいいのでしょう…無限に？！

ここまでくると,さすがに「計算好きの」昔の子どもたちもイヤになってくるでしょう。〈いったいどこまでやればいいんだろ

う…?〉と。

この「どこまでのびるでしょう」といわれても,「いったいどこまでやったらいいだろうか」と考えてしまいます。

なぜかというと,日本の子どもたちには,「**無限にたしていったとき,ある一定の有限の確定した値をとる**」という〈収束〉という数学的な考え方がないからです。

「子どもたち」というより,「日本の和算には」といった方がいいのかもしれません。

このことは,かなり重要な点で,日本の子どもたちが乗り越えなければならない「**数学への壁**」ですね。

おそらく計算好きな日本の子どもたちは,とにかくひたすら計算して結果を書いてみて,

　1 m, 1 m 5 0 cm, 1 m 7 5 cm, 1 m 8 7 cm 5 mm,
　1 m 9 3 cm 7.5 mm, 1 m 9 6 cm 8.7 5 mm,
　1 m 9 8 cm 4.3 7 5 mm, …

とここまで書いて,あっているかあっていないかわからないけれど,〈限界があるみたい…〉と考え,いちかばちか「2 m」という答えをおそるおそる出したのでしょう。

今の子どもたちの状況はもっと悪くなっていって,「とちゅうであきらめる」か「カンで無限にのびる」というか,「適当なところで切って答えとするか」でしょう。

じつは,数学では,「式の変形」と同時に「無限」の考え方も裏に出てきます。

ですから,小学校では,5年生から「**式の変形**」を重視するのと同じくらい「**無限**」**に慣れさせておかなければならない**のです。

先にもいいましたが,教科書で,「何年生では何桁までの計算」などと制限を加えているのは,「数学の壁を乗り越える」方

向とは逆行しているといわなければなりません。

外国ではこの問題は、つぎのような問題として出されています。答えの出し方に、どういう違いが出てくるか考えてみてください。

おもしろ算数 5年生-11 外国の木はどこまでのびるか？

あるところに1本の木が生えた。最初の年に高さが1mとなり、つぎの年には前の年に伸びた長さの $\frac{1}{2}$ だけ伸びた。その次の年からも「前の年に伸びた長さの $\frac{1}{2}$ だけ伸びる」としたら、この木はどこまで伸びるでしょう。

> **答え**

（もちろん）かぎりなく2mに近づく

　日本の『小学算術』と違う点は，まず，「半分」を「$\frac{1}{2}$」と**分数で表している**ことです。

　これは，非常に特徴的で大事なことです。

　これによって，答えを「計算結果」として出すのでなく，「**式のまま**」，いわゆる「**式による展開**」**で答えをあらわすという画期的な表現**ができているのです。

　外国では，この問題の答え S を次のようにあらわすでしょう。

$$S = 1 + \frac{1}{2} + \frac{1}{2} \times \frac{1}{2} + \frac{1}{2} \times \frac{1}{2} \times \frac{1}{2}$$
$$+ \frac{1}{2} \times \frac{1}{2} \times \frac{1}{2} \times \frac{1}{2} + \frac{1}{2} \times \frac{1}{2} \times \frac{1}{2} \times \frac{1}{2} \times \frac{1}{2} + \cdots$$

というふうに。

　この「**有限確定値が無限のたし算の和としてあらわせる**」という体験は初めてなわけです。

　これは，小数で計算するのでなく分数であらわすことで初めてできる表現なのです。式であらわすと，

$$2 = 1 + \frac{1}{2} + \frac{1}{2} \times \frac{1}{2} + \frac{1}{2} \times \frac{1}{2} \times \frac{1}{2}$$
$$+ \frac{1}{2} \times \frac{1}{2} \times \frac{1}{2} \times \frac{1}{2} + \frac{1}{2} \times \frac{1}{2} \times \frac{1}{2} \times \frac{1}{2} \times \frac{1}{2} + \cdots$$

となります。

　この表現は，将来の無理数や円周率という超越数にもつながることなので，5生年からの「数学の壁」を越えるためにもぜひ身

につけておきたい〈算数身体知〉です。

「図形の問題を解く」ことは、〔量と測定〕と一緒になって、「長さを出す」とか、「面積を出す」「角度を出す」というように、「公式に当てはめて計算して出す」ことが多いようです。

しかし、「1個の公式に当てはめて計算して解く」という問題は、中学校の数学ではほとんどありません。「**図形的に考え変形し、使える公式を自分で見つけ、それを組み合わせて計算して答えを出す**」という、「**何段階にもなる〈数学的思考〉をへて初めて計算する**」のが普通になります。

つぎの問題は、〔図形〕や〔量と測定〕のきまりや公式を単独で使ったのでは解けません。それまでの、「図形のきまり」や「公式」を組み合わせて答えにたどりつくことができるのです。

おもしろ算数 5年生-12 補助線を引いて考える

右のような正方形の四すみから、1辺の長さが大きな正方形の $\frac{1}{3}$ になるように小さな正方形を切りとりました。
AB＝15cmだとすると、この灰色の部分の十字型の図形の面積はどれだけになりますか。

答え

112.5 cm²

　ほとんどの子どもが，こういう単純に公式を適用するだけでは答えが出ない問題を前にしたとき，じっと固まってしまいます。苦し紛れにあれこれやってみるのは昔の子です。

　いまは，「親切な世の中」ですから，いろいろな解決法は楽に機械が教えてくれます。子どもたちはただ，解決法を「うまく探し当て」さえすればいいのです。

　あれこれ「あがいてやってみる」というみっともないまねはしません。

　国際学力調査をやって際立った日本の子どもたちの特徴は，「わからないと白紙で出す子が多い」ということだそうです。あきらめると，何もしないでほうりだすのです。

　〔数学の問題を解く〕ということは，「**自分でどう考えたか説明する**」ということだといいました。

　いまは，そのための練習をしているのです。

　問題を見て，まずこのままでは「お手上げで何もできない」と思ったら，固まって何もしないとか，やみくもに計算してみるのではなく，「**補助線を加えて図形的に考えてみる**」のです。

　「**補助線を引いて自分が知っている形で考えてみよう**」と問題を自分の知っている土俵に乗せるのです。

　補助線といってもただやみくもに引くのではなく，「**問題のなかに数学的きまりがかくされている**」ということを頭において，問題に出ている線に注目します。

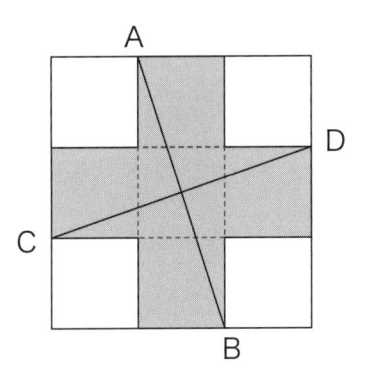

引かれている線は AB だけです。「**これにもう 1 本補助線を加えることで何かみえてくるのではないか**」と考えます。

合わせて,「問題は十字の面積を出す問題」だから,「この十字の面積と同じ面積になるように補助線で〈等積変形〉できないか」と考えると, つぎのような AB に直交する補助線 CD を考えつきます。

この補助線が引ければ, 問題は解けたも同然,「**〈説明〉が流れ出し**」ます。

この補助線で, 問題の十字形を「**等積変形して知っている形にできないか**」と考えてみると, もう, つぎのような正方形を考えるしかなくなります。

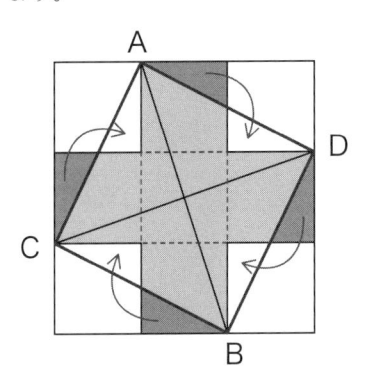

そうすると，図のように十字形はみごとに正方形ACBDへ〈等積変形〉できるのです。

　これが正方形になることがわかっても，じつはまだ面積は出せません。図で見ると，AB１５cmは「対角線」の長さで，CDも対角線です。

　正方形の面積を出す公式は，（１辺）×（１辺）でした。これで，「行き詰ってしまう」とこの問題は解けなくなります。

　前に，学生に「正方形は長方形ですか？」ときいたところ，１００％！「ちがう」と答えたと書きました。この学生たちにこの問題を解かせたら，ほぼ全員解けないでしょう。

　この人たちは，おそらく小学校の先生になるのですから，この先生たちに習っているだけの知識でこの問題は解けないのです。

　これを解くのに必要な〈図形〉的な力が，「**図形の〈定義〉をどれだけ数学的に理解しているか**」なのです。そして，この知識は，この５年生で自分の知識としておかなければなりません。

　その図形の定義の知識というのが，ここでいえば，「正方形はひし形である」ということです。

　「**〈問題を解く〉ということは，〈数学的説明〉を図や式ですること**」です。それは，とりもなおさず，「**いろいろな自分の数学的知識をつないでいく**」ことで達成されます。

　この問題で，この「正方形がひし形である」ということが理解できれば「ひし形の面積＝（対角線）×（対角線）÷２」という公式で出せることになります。

　㊂角形の内角の和は１８０度になる」というのは，５年生で勉強することですが，「三角形の内角の和はなぜ１８０°になるのか？」ときくと，答えられなくなってしまう子が多いのです。

「〈説明〉する問題」だからです。「だって，あたりまえじゃないですか」と答える子が多いでしょう。

このように，「**あたりまえだと思っているきまりを〈説明する〉**」ということが，〔数学〕への第一歩なのです。

しかも，「**測定したり・計算したりしないで説明できる**」ということが 5 年生に求められる〈算数身体知〉なのです。

たとえば，つぎのような問題を「測定したり・計算したりしないで」どう説明します？

おもしろ算数 5年生-13 星形の角度

下のような星形の先の角 ①②③④⑤ を全部たすと何度になるでしょう。角度を測ったり，切ってはったりせずに何度かを説明してください。

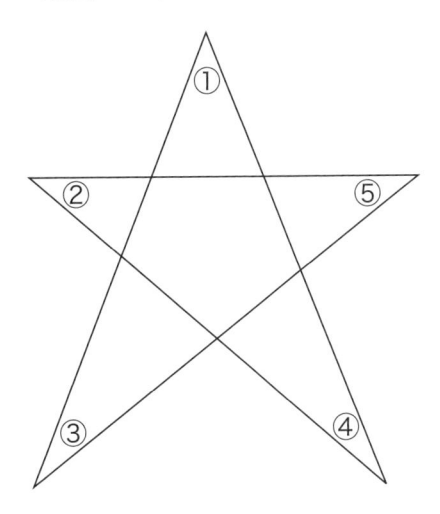

答え

180°

　ごく普通の「説明は」つぎの２つの三角形（太い実線と点線の三角形）に注目して、「三角形の外角はその内対角の和にひとしい」という定理をつかいます（小学校では教わらないが、三角形の内角の和が１８０°であることがわかれば自然に理解できる「一般的な定理」）。

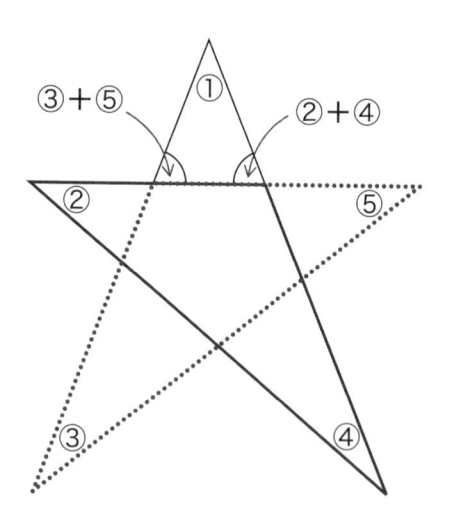

　そうすると、一番上の三角形の内角の和を考えると、①＋②＋③＋④＋⑤＝１８０°ということがわかります。

　これを、『学ぼう！算数　５年』（数研出版）にある「エンピツ回し法」で説明すると、つぎのようになります。

「エンピツ回し法」

④は対頂角④′で
回します。

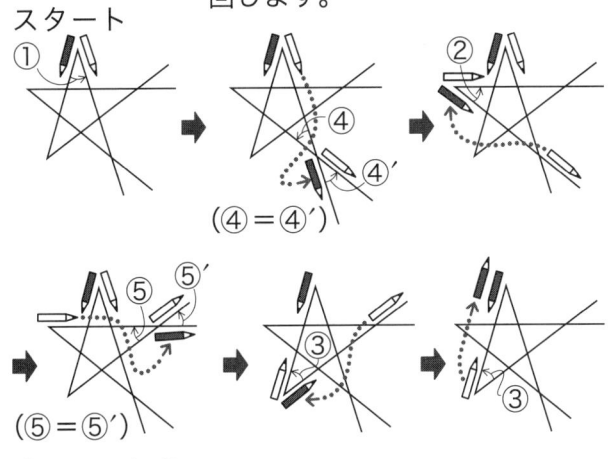

(④＝④′)

⑤も対頂角⑤′で
回します。

エンピツが半回転しているので
　　①＋②＋③＋④＋⑤ ＝ 180°
ということがわかります。

　この「エンピツ回し」という一風変わった方法，大学で学生に教えたところ，２０年ぐらい前は，大いに受けたのですが，ここ数年はあまり感動がありません。

　どうしてかというと，「説明が長い」「計算ではない」からです。

　つまり，それだけ小学校から高校までの教育から，「**説明する数学**」がなくなってきていることがわかります。

　これまでの〈**感じる算数身体知**〉から〈**考える数学身体知**〉に

変えていくには，まず，「**どうしてだろう不思議だな，という〈好奇心〉をもつこと**」です。

そして，「**問題を解きながら〈数学的説明〉の経験を積むこと**」です。

それが，あなたのカラダを〈数学身体知〉のあるものに変えていってくれます。

6年生

感じる〔算数〕から
考える〔数学〕へ

いわゆる「算数」といわれていた問題の解き方から,「数学」の解き方に進化させていかなければならないのが6年生です。

　この「**切り替え**」がうまくいかず,「算数の解き方」のままだと,おそらく一生数学嫌いのままになってしまいます。

　「算数の問題の解き方」は,「答えを出すこと」です。それも1個。
　「**数学の問題の解き方**」は,「**どう答えにたどりついたかを図や式,文章で〈説明する〉ことで**」す。それも,エレガントに。

　そして,〔算数〕と〔数学〕が決定的に違うのは,「**算数が,感じたことをあらわすのでよかったのに対して数学は,考えたことを説明する**」ということです。

　この〈数学的説明〉は,「**自分が何をしようとしているか,何をしているかがわかって説明**」されなければなりません。

　「**あたかも,もうひとりの自分が見ているように説明する**」のです。しかも,数学的に説明するのですから,**みんなに理解できるように説明されなくてはいけません**。その,「**理解されるためのルールを学ぶ**」のが「数学を学ぶ」ということです。

　「ふかいことを　おもしろく学ぶ」ことによって〔算数の学び〕が〔数学の学び〕に変わっていくのです。

　では,〔算数〕から〔数学〕への「ふかいことを　おもしろく学ぶスイッチの切り替え」はどのように行われるのかというと,
① まず,「**算数・数学をおもしろい！**」と思えること。これなくしては,切り替えはむずかしいのです。「**考えることがおもしろい・カラダがわくわくする**」ような問題に出合って,その〈算数身体知〉を〈数学身体知〉に変えたいと思うことです。
② つぎに,「**なぜだろう不思議だな**」という〈算数身体知〉をもったまま,「**どうしてだろう**」という「**わけをしりたがる〈数学身体知〉**」に変えていくことです。

③「早く正解を出すこと」というこれまでのマニュアル思考を切り替えて，数学というのは「**どう工夫して答えにたどりついたかを数学的な言葉（数式・図・表・グラフなどの言葉）で，数学的説明のルールにしたがって説明するもの**」だと考えることです。

④（最後に，願いを込めて）「**自分の思い込みや社会の詭弁を打ち破り，この社会・世界を論理的・理性的に理解する知恵と思考を身につけ，自分なりの表現方法を発見する**」のが〔数学〕を学ぶ目的だとわかることです。

おもしろ算数 6年生-1　卵はいくつ

女の人が卵をかごに入れて市場にもって行きましたが，通行人がうっかり，その女の人を押してしまいました。

からだはなんともなかったのですが，卵が割れてしまいました。

悪いことをしたと思った通行人は損害を償いたいと「全部で何個の卵がかごに入っていたのですか」とききました。

「正確に覚えていないのです」と女の人が答えました。でも，2個ずつ，3個ずつ，4個ずつ，5個ずつ，6個ずつ卵をかごから取り出すと，いつもかごに1個残り，7個ずつ取り出すと，かごは空になることは覚えていました。

卵はかごに何個はいっていたのでしょう。

答え

301個か多くても721個（それ以上になると卵を持てなくなるだろう）

　日常の世界は「常識の世界」です。これに対して、「数学の世界」は「抽象の世界」です。だから、誰にもわかるし、納得できるのです。

　しかし、数学で日常世界の問題を解いた後は、「答えは日常の世界にもどしてあげなければ」いけません。

　この問題を解くには、「**問題文の〈数学的翻訳〉**」からはいるのがあたりまえと思ってください。もう、「絵をかいて考える」という「低学年の力づく」は、この場合使わないで解きます。なぜかというと、数が多くなりそうだからです。

①「2個ずつ、3個ずつ、4個ずつ、5個ずつ、6個ずつ卵をかごから取り出すと」の文は、「卵を2の倍数、3の倍数、4の倍数、5の倍数、6の倍数で取り出すと」という〈数学的翻訳〉になります。

② さらにこれに続く「…6個ずつかごから卵を取り出すと、かごに1個残る」の文と合わせて〈数学的翻訳〉をすると、「卵の数は、2, 3, 4, 5, 6の公倍数より1大きい」となります。

　多くの子が、ここまでで「考えること」に息切れしてきて、計算して答えを出したがる誘惑にかられます。

　「ふかいことを　おもしろく学ぶ」ためには、ここで計算に逃げるカラダでなく、もう少し**「ねばり強く」考えるカラダ**にしていかなければならないのです。

③さらに,「7個ずつ取り出すとかごはからになる」という文は,先ほどと同じように〈数学的翻訳〉をして,「卵の数は7の倍数になる」と読めます。

さて,これで,「計算の材料がそろったぞ」という感覚にならなければなりません。

つまり,卵の数は,「2,3,4,5,6の公倍数に1たした数であり,7の倍数でもある」

ここで,「**考えるのが終わった**」**という感覚**になりますでしょうか。それが,「**自分が何をしているか 何をしようとしているかがわかる**」ということです。ここで,初めて計算をします。

2,3,4,5,6の最小公倍数は,60です。もうこのぐらいは暗算でだしましょう。ただ,**ノートには**「**考えたあとをのこす**」のですから,先ほどの〈翻訳〉とともに,「2,3,4,5,6の最小公倍数は60」と書いてください。

そうすると,「卵の数は,60の公倍数に1をたした数でもあり,7の倍数でもある」と書きかえられます。

中学生になると,ここで方程式を使って解くのですが,小学生は方程式を使えないのでどうしますか。あきらめます？ それとも,例の〔カン〕ってやつを使いますか？

〔**問題解決のために使える算数の道具**〕**を考える**のです。

それとともに,「この答えはたくさん出てくるな」ということが**頭に浮かん**できますか。

「**答えがたくさん出てきそうなときに使える算数の道具は〔表〕だ**」**ということに思いいたれば**,これはもう立派な〔数学身体知〕が身についています。

「**自分がいま使える算数の答えを発見する道具がわかる**」ということも,〔数学身体知〕なのです。

使う算数道具が別に「正解である必要」はまったくありません。この場合，表を使わなかったからといってダメな解き方ではありません。くれぐれも，「**いま自分が数学的に考えるのに使いこなせる道具**」でいいことを心に留めておいてください。

　「６０の倍数の方が大きいので，こちらを主にした表がいい」ということがわかります。その方が，「**手間がはぶける**」のです。

　数学では，「**一番手間が省ける数学的方法をとる**」のがスマートであるとされるのです。

　そこで，次のような表を作ります。

	1	2	3	4	5
60の倍数+1	61	121	181	241	301
7の倍数	×	×	×	×	○

6	7	8	9	10	11	12
361	421	481	541	601	661	721
×	×	×	×	×	×	○

　この表を作るのに，これまで習ってこなかった〔数学的知識〕がほしくなってきませんか。

　そうです，「７の倍数を見分けるマニュアル」です。

　じつは，マニュアルはすべてがよくないわけではありません。こういう，「**問題をスムーズに解き進めるための必要感がうまれたときに**」は，**マニュアルは大変有効**です。なぜマニュアルを使うかよくわかっているからです。

　この表を作るのに，「７の倍数を見分けるマニュアル」を知っていたら，出てくる答えをすべて７でわってたしかめてみる必要はありません。

　「７の倍数かどうかを見分けるマニュアル」は，「百の位以上を

2倍して，十の位以下の数に足して7で割り切れれば7の倍数になる」です。

それでも，この表の上では，「答えは無限にある」ように見えてきます。だからといって，「答えは無限にある」という答えにしていいでしょうか。それは，以前に，「計算の問題の答えを＞0と書いた子どもと同じ〈数学的まちがい〉をおかしています。

「数学は具体的な真実を客観的に説明する」のですから，**「この答えは問題の文脈に即したもの」**でなければなりません。まあ，世間的な〔常識・知識〕も働かせる必要もあるのです。そうでなければ，世の中の問題を解決することなどできません。

そう考えると，卵は1個20gだとしても，女の人がかごに入れて持てる重さは，せいぜいがんばっても10数キロでしょうから，もっていた卵の数は，301個か多くても721個ということに結論付けられます。

つぎの，世の中によくある問題はどう解いたらいいでしょう。

おもしろ算数 6年生-2

夏の高校野球

夏の高校野球は，春とちがい参加校のトーナメント（勝ち抜き）によって甲子園出場校をきめます。ある県の参加校が125校であったとき，この県の甲子園出場校がきまるまでに行われる試合数は何試合になるでしょう。ただし，引き分け，再試合はないものとします。

答え

124試合

　問題を出して1分後，この問題の答の出し方をどこかで習った子が，答えだけを書いたノートをもってきました。まわりは，答えを出すあまりの速さに驚きの声を上げます。答えがあっているとわかると拍手が起こりました。

　しかし，わたしが，「君はどうしてこの計算で答えが出てくるかわかりますか」と聞くと，その子は，「いや」と答えました。続けて，わたしが，「答はあっていますが，君がよくわからないやり方で正解を出したとしても，算数では〔あっている〕とすることはできないのです。**どうしてこれで答が出せるのか説明できるようになったとき，〔本当の正解〕にしてあげよう**」といってかえしました。

　東京の小学校では，これと似た経験を持つ先生は多いでしょう。「正解は出せているけれど，なぜそうやったかが自分でわからない」のです。

　こういう答えの出し方では，〔数学の解き方〕に近づくことはできないのです。

　「自分で何をしているか，何をしようとしているかがわかって解く解き方」が，〔数学的な解き方〕だといいました。

　よくわからないマニュアルで解くより，むしろ，「低学年の力づく：全部の試合を書いてみる」で解く姿勢のほうが，〈数学身体知〉を身につけていくチャンスはあります。

　また，さらに力づくでも，「全部書き出してみることで見えて

くること」もあり，それの方が意味もなくマニュアルを使って正解を出すことよりよほど将来の〈数学的身体知〉を身につけるうえでは役に立つように思います。

ここでは，もう一段上の〈数学的解き方〉で解いていきましょう。

それは，「**数が小さい１から順に，２の場合，３の場合，…というように〈帰納的〉に考えて〈数学的きまり〉を見つける**」という〈帰納法〉（〈数学的帰納法〉と区別して，〈自然帰納法〉ともいう）できまりを見つけていく方法です。

もう６年生になれば，中学・高校の〈数学的帰納法〉につなげていくためにも，「**〈帰納法〉の考え方」で問題を解く**という〈算数身体知〉をつけてもいいでしょう。

参加チームが少ない方から，表にしていくと，きまりが出ますか。

参加チーム	2	3	4	5	6	…
試合数	1	2	3	4	5	…
図						…

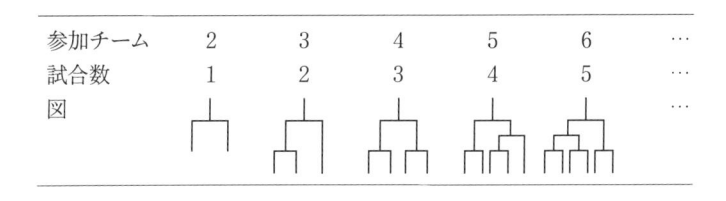

図は，試合数を出すためにかいたのでなくてもかまいません。

この表を見ると，初めの２,３個を見ただけで〈きまり〉がわかってしまいそうです。

ただ，**あまりあわてて〈きまり〉を結論づけない**ようにしてください。小中学校のレベルではそういうことはほとんどありませんが，高校や大学レベルでの〔数学〕になると，「**数が少ないと一般的な〈きまり〉があてはまらない**」ということが時々あります。

そういう意味からも，〈数学身体知〉を身につけていくためには，せめてこのぐらいの数はやってみないとだめです。

　表を見ると，「試合数＝（参加チーム数）－1」と予想できます。ただ，よろこんで「これで決定！」としないでください。

「ほんとうにこの〈きまり〉で出せるのか，たしかめてみる」必要があります。「〈きまり〉と決定する」には，そこまで慎重である必要があるのです

　7チームのとき：6試合，8チームのとき：7試合，…とたしかめられますから，こうして初めて，**「これで〈きまり〉は合っている」**と判断するわけです。

　先ほど，「図はかかなくてもいい」といいましたが，じつは，図をかいてみると，別の〈数学的きまり〉があることに気づきます。ですから，**「何かを見つけようという気持ちで図をかくこと」**は無駄にはならないのです。

　トーナメント戦の組み合わせ表は，「ピラミッドの形に作っていく」のですが，主催する高野連は「参加する学校に不公平にならないようにトーナメントの組み合わせや試合数を決めたい」としています。

　そういう中で，「**どういう組み合わせで作っても，この最低必要な試合数は同じになる**」という〈きまり〉が見えてくるのです。

「数学は，公平な〈きまり〉を見出す！」のです。

　この，「図を見ていると〈公平なきまり〉に気がつく」というのは，〔数と計算〕の領域だけではなく〔図形〕の問題でも昔からあります。

　いわば，**「数学は，〈公平なきまり〉を発見する歴史だった」**ともいえるのではないでしょうか。

たとえば、つぎの〔図形〕領域の問題なんかも、ある有名な〈きまり〉につながるのです。

おもしろ算数 6年生-3 じゅんかんバス

下の絵は、じゅんかんバスの通り道をあらわしています。⑦を出発して、同じ道を通らないで、全部の道を通るようにします。終点をどこにすればいいでしょうか。

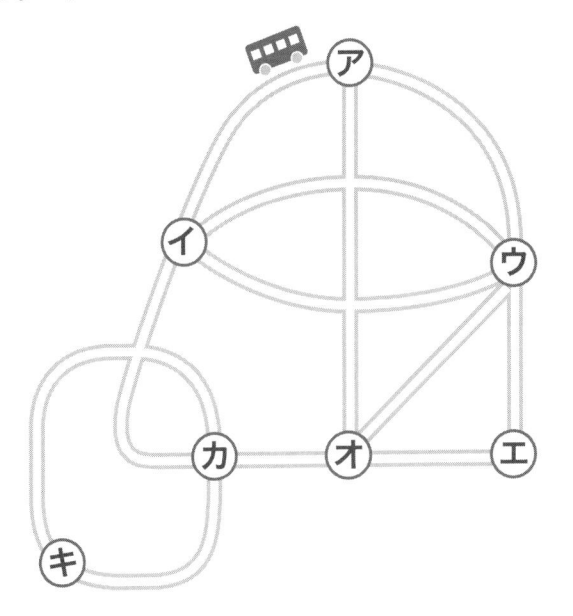

答え

ウ

　この問題，この絵を見て，「あっ，一筆書きの問題だ」とわかったひとは，〔数学身体知〕がついてきた証拠です。

　「図を見て考える」習慣がついてきた人は，「**〔数学のきまり〕を見る眼**」にすでになってきているのです。

　図のような，絵を「もっと単純化した線の図」にすることで〔一筆書き〕であることに，気づくこともあります。

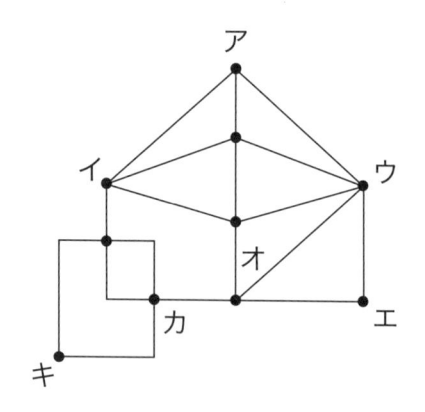

〈きまり〉に気づきやすくするには，「図をシンプルにする」ことです。

　小学校の算数は，「カラダで感じる算数にすることだ」といいました。ですから，1年生のときに出した〔一筆書き〕の問題も，「何度もやってなんとなくわかってしまうカラダにすること」で解けたし，そういう〈算数身体知〉が，「〈きまり〉を発見するという〈数学身体知〉につながっていく」ということをいいました。

しかし，6年生では，「**きまりを発見する眼**」にまで，見る眼**を変化させなくては**なりません。

　つまり，上の図で「⑦から出発して一筆書きできるか？」という問題に「**図での〈数学的翻訳〉をして**」いくわけです。この「**図での〈数学的翻訳〉ができること**」が，〈数学身体知〉に切り替えていく上での大事な点です。

　そうして，〈算数身体知〉で，図のように「一筆書きできる」ということがわかったら，6年生では1年生とちがって，「**なぜこの図では一筆書きできるのだろう**」と疑問をいだくようにならなければいけないのです。

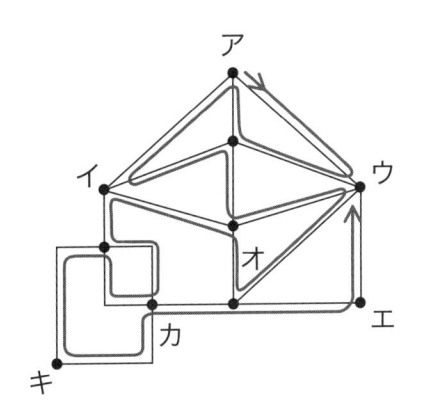

　小学校では，「一筆書きをやることに慣れて，その感覚をつかむこと」（〈感じる算数〉）だといいました。それも，このように，一気にむずかしい問題をやるのではなく，「**簡単な問題から経験を積み重ねていく**」ことで自分の〈図を見る眼〉を，〈**数学身体知の眼**〉に変えて〈数学的なきまり〉を発見していくのです。それも，**ワクワクしながら**。

　つぎの図を全部みてください一筆書きのきまりがみえてきますか。

｜　ᗒ　⊖　⊖　⌂̄　⊖　⊠　⊖
(○)(○)(○)(×)(○)(○)(×)(×)

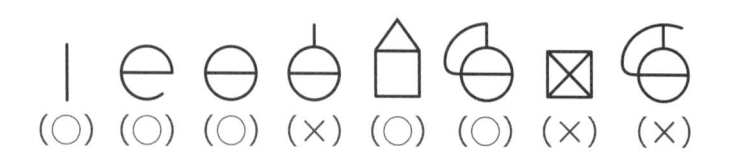

「〈きまり〉がわかる」ということは,「〔できるもの〕と〔できないもの〕のちがいがわかる」ということです。

こういう,「**共通の性質を見つける**」というのが,数学の基本的な学習なのです。それは,「**分類するための道具立てを作り出す**」ことだったり,「**分類の観点を新しく発見する**」ことだったりするのです。

まず,「**点に注目する**」ようになってきましたか。

それぞれの図で「**ちがうことは何か**」と**考える**と,「点の数」と「点の種類」であることに気がつきます。

ここまで気づけたらもうだいじょうぶです。ほとんど〈数学的なきまり〉に気づいています。きまりに気づくとワクワクしてくるでしょう。

「**ふかいことを　おもしろく学ぶ**」ということは,この〔**ワクワク感**〕があることです。

この図を見て〔点の数〕に注目すると,「一筆書きできる図は,すべて〔通過する分岐点の数〕が偶数である」ということに気がつくはずです。

ただ,このとき単なる〔点の数〕ではなく,はじっこも含めて〔分岐する点の数〕に注目しないといけません。

つまり,〈移動〉という観点で考えると,「点は,通り過ぎていく〔通過点〕か,出るか入るかの〔分岐点〕(はじも含めて)のどちらか」の「**種類に分けられる**」のです。

つぎに見分けた点に〈**分類のための名前をつける**〉という〈**数**

学的翻訳〉が必要」になります。「通過点」とか「分岐点」とか。

この「**名前をつけられる**」ということは，すでに，「〈ちがい〉がわかっている」=「〈数学的きまり〉がわかっている」ということなのです。

6年生では，「**観察したり，考えたことを説明する**」問題を数多く経験させなければなりません。計算ではなく，「**自分の考えたことを数学的ルールにのっとって相手にわかるように説明する**」問題ですね。

日本の昔の数学・和算には，そろばんで計算する問題だけでなく，「計算を説明する問題」がたくさんのっていました。たとえば，「油わけ算」のような問題です。「油わけ算」というのは，「1斗おけに入っている油を7升ますと3升ますだけを使って，5升ずつに分ける」という問題です。

たとえば，つぎのようなロシアの「ブドウ酒わけ算」も同じ考え方の問題です。

おもしろ算数 6年生-4 ブドウ酒わけ算

8L（リットル）入りのタルにはいった8Lのブドウ酒を2等分しようとします。ところが，ほかにあいたタルは，5L入るものと3L入るものしかありません。
この3つのタルだけを使って，ブドウ酒を2等分するにはどうしたらいいでしょうか。

答え

答えは2通りあって，移しかえたあと，タルにブドウ酒がどれだけ残ったかで表を作り，分け方を説明すると，

答1

	8L	5L	3L
移しかえの前	8	0	0
1回移した後	3	5	0
2回移した後	3	2	3
3回移した後	6	2	0
4回移した後	6	0	2
5回移した後	1	5	2
6回移した後	1	4	3
7回移した後	4	4	0

答2

	8L	5L	3L
移しかえの前	8	0	0
1回移した後	5	0	3
2回移した後	5	3	0
3回移した後	2	3	3
4回移した後	2	5	1
5回移した後	7	0	1
6回移した後	7	1	0
7回移した後	4	1	3
8回移した後	4	4	0

のようになります。

このように，「**表で説明する**」というのも，とても有効な〈数学的説明〉になります。

これに対して，日本では次のように，「文章で説明していた」のです。

　たとえば，江戸時代の有名な数学の本，吉田光由『塵劫記（じんこうき）』に「あぶら算の事」という題で，つぎのような，〈説明〉がのっています。

「あぶら一斗を二人してわけて取るときに，三升ますと七升ますと，これにてわけてとれといふときに，先ず三升ますにて三ばいくみて七升ますへ入るれば，三升ますに二升残るとき，七升ますに有るをもとのおけへあけて，此の二升を七升ますへ入れて，三升ますにて一ぱい入るれば，五升づゝと成るなり」

　どうです？　読んでよくわかりますか？

　わたしには，この説明が，どこか今の日本の子どもの説明と似て（失礼！），だらだらと長くてわかりにくく感じます。

　じつは，「説明しなさい」といわれると，子どもたちはこのような，「**文章での説明**」だけしか頭にないことが多いのです。

　江戸時代は，まだ，〈数式表現〉というのが日本にはなかったのですからしかたがありませんが，いまは，文章説明以外にも，**「わかりやすく伝わりやすい論理的説明」**のしかたは，たくさんあります。

上の答えの〈表で説明〉するのもそうですし，また，つぎのように，〈図で説明〉することも考えられます。

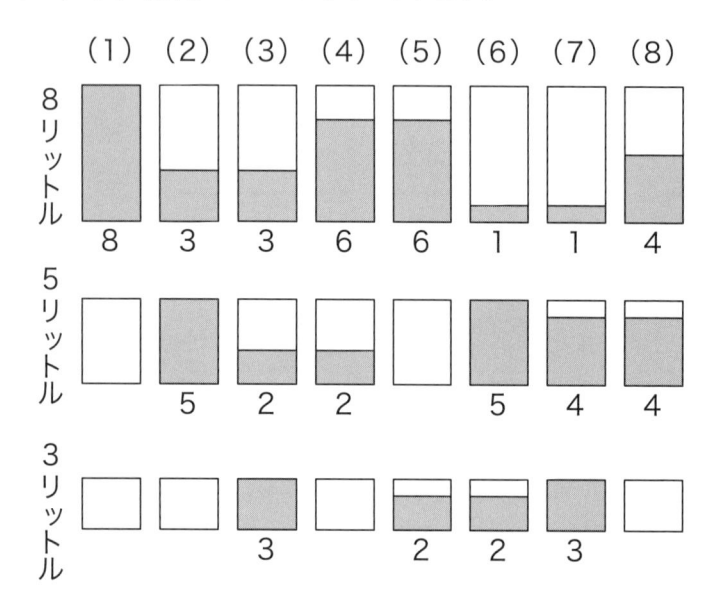

	(1)	(2)	(3)	(4)	(5)	(6)	(7)	(8)
8リットル	8	3	3	6	6	1	1	4
5リットル		5	2	2		5	4	4
3リットル			3		2	2	3	

表や図で説明すると，「論理的」ですし，「いくつの手順でできるか」ということもよくわかります。ただ，図の方が表に比べて手間がかかりますし，どちらかというと〈算数的〉かなという気がします。

〈数学身体知〉を使って解くときは，〈表の説明〉をとるほうがいいでしょう。

また，中学以上になると，この問題は，「$3x-7y=5$」または「$7x-3y=5$」の〈不定方程式〉を使って解くことを考えると，〈**表で説明する**〉というのが一番数学に近い**説明**ではないかと思います。

こういう，手順をいくつも踏んで，「演繹的に考えて」答えを出すのではなく，「答えはこれのような気がする」とカンで答えを予想し，「帰納的に式を1個作り出す」ことを今の子どもたちは選ぶのです。

こうすると，つぎのような「思いもつかない結果になる」問題は，まったく手も付けられないのです。

おもしろ算数 6年生-5 新聞紙を折る

あつさ0.2 mmの新聞紙を50回折ったら，その高さはどのくらいになるでしょうか。
なぜそれを選んだのか，文や式で説明してください。
　(ア)　学校の校舎（15 m）くらい。
　(イ)　スカイツリー（634 m）くらい。
　(ウ)　エベレスト（8848 m）くらい。
　(エ)　太陽までの距離（1億5000万 km）より高い。

答え

(エ)

　「カンで答え出すのが好きな」子どもたちは，(イ)という答えがほとんどです。

　彼らのカンの出所となっている，頭の中の「思いめぐらし」を書いてみると，おそらくこうなるでしょうか。

　「(ア)では，あたりまえすぎてわざわざ問題に出すはずもない。(エ)はいくらなんでもありえない。(イ)か(ウ)だけど，もし(ウ)ならあつさ 0.2 mm の新聞紙がいくら折ってもそんなになるはずもない。エベレストに行ったこともないし…」

　おもしろいのは，カンの好きな子どもたちでも，「自分の身のまわりに起こる経験の範囲でカンを働かせる」のであって，けっして「経験を超えるようなカンを働かせることはない」ということです。

　この問題を途中までなんとか解いた子どもの解き方を，わたしの〔算数身体知〕的に補っていきながら紹介します。

　まずあつさを〔**表にして**〕みます。これは，大変重要な解くための〔説明〕になります。あつさ 0.2 mm を 1 回折れば 0.4 mm になるのはいいですね。

　つまり，1 回目　$0.2 \times 2 = 0.4$（mm）ですが，かけ算の式をかいて答えまで書いています。ここで大事な〔数学身体知〕は，「**式だけのままにしておき，答えはまだ計算しない**」ということです。これは，3 年生のところでも同じことを書きました。

　この計算しないで「**式のままあらわす**」というのが〈数学身体

知〉なのです。計算してしまうと,「数学」でなく「算術」になってしまうからです。「式のまま」にしておくと**「見えてくる数学のきまりがある」**のです。

2回目　$0.2 \times 2 \times 2 = 0.2 \times 2^2$（2×2というように同じ数を2回かけることを□^{2}とあらわします。□には数字が入ります）こう書きあらわしていくと,**「きまりが〔視覚的に見える〕ようになる」**のです。

3回目　　0.2×2^3
　　　　………
50回目　0.2×2^{50}

とここまで**「式のままで答えをあらわす」**ことができます。〔算数〕から〔数学〕に変わるということは,**「答えを式であらわす」**ということなのです。〔**式**〕というのは,〈数学的説明〉ですから, ここで中学の**「説明で答えを出す」**という解き方に変化させていくわけです。

これを小学校のように,「途中でもすべて計算結果を出す」というように「答えを計算結果で出す」くせがついていると, 恐ろしく計算が大変になって途中で計算するのが嫌になって投げ出してしまいたくなります。

また, 計算結果だけ見ても,〈数学的きまり〉が見えてこなくなるのです。

このように, 途中の「式のまま」で最後の計算の答えを書いてから, 実際の計算結果を出すようにします。「計算が嫌にならない」ためにも。

ここで, そろばんの得意な子は, 頭から一気にやってしまいます。

こういうすごい計算力を子どもたちやマスコミではよく「天才

少年」としてもてはやしますが、〔数学的〕には「ちょっとちがうなあ」という気がします。

計算があまり得意でない子は、こういうときに、何とか「もう少しうまい計算方法はないか」と工夫します。この、**「計算を工夫してやってみよう」**ということが、**スマートな**〔数学身体知〕なのです。

「計算の工夫」といっても、「**今までならった四則演算の中で概算の工夫をする**」ということです。

３９８７９８８９×３００００１０２のかけ算を、４００００ ０００×３００００００００と見て概算をするというようなものです。

この問題をやったある中学２年生が、2^{10}までコツコツ手計算でやって、なんとか１０２４という結果までたどりつきました。

計算が得意な子だとこのまま「力づくで」突破していくのですが、この中学生は普通の人だったので、「**このまま数が大きくなっていく計算はきついな**」と考えました。

じつは、「このまま力づくでやるのはきついな」という感覚から**「計算の工夫」は生まれる**のです。そして、これが〔数学的きまり〕にたどりつく「計算の工夫」という〔数学身体知〕になっているのです。

この中学生、どう考えたかというと、「**答えをおおまかにつかんで**」、しかも、「〔**数学的なあらわし方**〕の指数表記をつかって」$2^{10}=1024 ≒ 1000=10^3$と考えました。

指数法則から$2^{50}=2^{10}×2^{10}×2^{10}×2^{10}×2^{10}$ですから、これを概算による$2^{10} ≒ 10^3$をつかって、

$2^{50} ≒ 10^3×10^3×10^3×10^3×10^3$

と〔式の変形〕をしたのです。

すると５０回折った高さ，$0.2 \times 2^{50} =$ 約 $0.2 \times 10^3 \times 10^3 \times 10^3 \times 10^3 \times 10^3$ となります。

これを計算します。

0.2×10^3 mm ＝ ２０cm ですから，

$0.2 \times 10^3 \times 10^3$ mm ＝ ２００m ＝ 0.2km となり，

$0.2 \times 10^3 \times 10^3 \times 10^3 \times 10^3 \times 10^3$ mm

＝ $0.2 \times 10^3 \times 10^3 \times 10^3$ km

＝ 2億km

となります。

これは「太陽までの距離１億５０００万km」を超えてしまう数です。

正確には，２億kmを超えてしまいますが，ここでは「そんなささいな数」は気にしないのです。「２億kmを超える」とわかっただけで，細かい計算はしなくても，答が(エ)になることは**十分「説明されている」**のです。

このように，「説明」が，答えを「式のまま書き」，「計算の工夫」による「式の変形」でなされる，のが「数学的」なのです。

こういう「説明」に少しずつ慣れていかねばなりません。

「説明」というのは，自分でするだけではなく，「説明」つまり，「文」を「自分で読む」力も同時につけていかなければなりません。

では，学校で行われている国語教育をもっと進めればいいかというとそうでもなさそうなのです。

というのも，じつは，今の国語教育と数学教育はパラレルな関係にあって，「数学教育力の低下」とともに「国語教育力も低下」しているので，両者とも現在のままでいくらやっても，学力の向上にはつながらないのです。

では，数学にとってどういう「国語」が学力につながるかとい

うと，それは，「**数学的な説明を含んだ論理的な文章を読んだり，実際に書いたりする**」ことなのです。

こういうと，なんか「味気ない数や計算ばかりが並んだ文章」という印象を持つかもしれませんが，そんな抽象化した計算的なものでなく，いわば，「**謎解きのある推理小説のような**」イメージでしょうか。なかに，「**謎や意外性，不思議がつまっている**」といったらいいでしょうか。それでいて，「**きちんとした論理性がある**」というような。

これと似た問題を新聞に出題したところ，あるお医者さんから「折れるわきゃないだろう！」とお怒りの投書をもらいました。

じつは，このお怒りの投書，〈**数学の特徴**〉をよくあらわしているのです。

新聞紙，折ってみればわかるのですが，実際に折ってみると，6，7回ぐらいがいいところでとてもそれ以上「折れるわきゃない！」のです。

「〔**数学**〕**は世界を記述する**」のですが，「**人間が経験したことがないような世界の記述もできてしまう**」のです。それが，〔数学〕は抽象度がとても高いという特徴なのです。

たとえば，つぎのロシアの昔話はどう〈数学的な読み取り〉ができますか？

おもしろ算数 6年生-6　キノコ狩り

おじいさんが4人の孫をつれて林へキノコを取りに出かけた。林につくと，みんなは思い思いの方向に

散ってキノコをさがしはじめた。半時間ほどして，おじいさんは木の下でひと休みしながら，とったキノコをかぞえてみた。キノコは４５本あった。そこへ孫たちがみんな手ぶらで集まってきた。だれも１本も見つけていなかった。

「おじいちゃん！」とひとりの孫がたのんだ。「からっぽのかごを持って帰るのはいやだから，おじいちゃんのキノコをちょうだいよ。おじいちゃんは上手だからたくさんもらってもいいでしょう」

「おじいちゃん，私にも！」

「私にもちょうだい！」

おじいさんはひとりひとりにキノコをやったので，自分のとったキノコはみんななくなってしまった。

それからまた，思い思いの方向にキノコ狩りに行って，けっきょくつぎのようなことになった。

ひとりの子はさらにキノコを２本みつけ，２人目の子は２本をなくし，３人目の子はおじいさんにもらったのと同じ数だけのキノコをさらにみつけ，４人目の子はおじいさんからもらった分の半分をなくした。そして子どもたちが家へ帰って自分のキノコをかぞえてみると，どの子にも同じ数ずつあった。

この子たちは，おじいさんからそれぞれいくつのキノコをもらったのだろうか。また，家に帰ったとき，いくつずつ持っていたのだろうか。

答え

1人目には8本，2人目には12本，
3人目には5本，4人目には20本

問題文を読んだだけで，「なにがなんだかわからない！」という子どもたちの苦情が聞こえてきそうです。

でも，「こういう，理屈っぽい，入り組んだ，数学的な文章」に慣れておくことが，6年生のときにやっておくべきことです。簡単に1つのマニュアルでぱっと解ける問題ばかりをやっていると，こういう問題に対する抵抗力がついてきません。

6年生では，本来，**「方程式を使えるようになることを楽しみにできる準備をしなければならない」**のですが，それが，なかなかそうなっていません。

中学生の準備という意味からも，この問題では，「方程式的な道具」を使って解いていきます。

方程式といえば，〔x〕です。このx，小学校では，〔変数〕としてでてきますが，こういう文章題の中で使うときは，〔**未知数**〕として，「ある数なんだけどまだよくわからない数」としてあつかいます。

中学のxを苦手とする子の中には，こういう「数なんだけれどまだよくわからない数を，まるで数と同じように式の中であつかう」ということに抵抗感がある子どもが多いです。

「xをまるで数と同じように式の中で使っていいんだ」ということを，小学校から少しずつ慣れていくようにすることで，この抵抗感も少しは薄れます。

まず、この問題では何をxとしたらいいかきめます。

xは、「① **もとにする数** ② x **から他の数は導き出される**」という考え方で問題文を読んでいきます。

まず、「最後にはみんな同じ数になった」というのが、「もとにする数」になるヒントです。これをxとしてもいいのですが、ほかの数を出すのにわり算や分数が出てきてやっかいになるので、**「できるだけ簡単な計算でほかの数が出るものをもとにする」**のがいいのです。

そうすると、「3人目の子は、おじいさんにもらったのと同じ数だけのキノコをさらに見つけ」とありますから、つまり、「みんなの最終的に持っている同じ数」というのは、この「3人目の子が、おじいさんにもらったキノコの数の2倍」と同じであることがわかります。

すると、「3人目がおじいさんにもらったキノコの数」をxとするのが一番いいということになります。この、「**xにするのに一番いい数を見つける**」**練習**をしておくのです。

「3人目の子がおじいさんにもらったキノコの数」…x（個）
とします。そうすると、

「最終的にみんなの手元にあるキノコの数」＝「3人目の持っているキノコの数」…$x×2$（個）
になります。

ここから、「それぞれの子がおじいさんに最初にもらったキノコの数」を出していきます。

1人目は、文「1人の子はさらにキノコを2本見つけ」⟶ $x×2-2$

2人目は、文「2人目の子は2本なくし」⟶ $x×2+2$

3人目は、そのままでx

6年生

4人目は，文「4人目はおじいさんからもらった分の半分をなくし」⟶ $x\times 2\times 2$

という数になります。

これを「**数と同じように**」たします。こういう計算はまだ習っていないわけですが，習っていなくてもなんのその！「**未知数の想像力**」，つまり，「**あたかも数と同じであるかのようにイメージする力**」で乗り越えていきます。数式のままでは計算をイメージしにくいので，「数式をもう一度文章に読み替えて」みるのです。

たとえば，

「$x\times 2 - 2$」⟶「x 2個分から2ひく」

「$x\times 2 + 2$」⟶「x 2個分に2をたす」

「x」　　　　⟶「x 1個分」

「$x\times 4$」　　⟶「x 4個分」

これを全部足すと，「x 9個分」＝「$x\times 9$」となることがわかります。これなら，x の計算を習っていなくてもできるでしょう。

すると，「$x\times 9 = 45$」になり，この方程式を解くのです。

ところが，算数では，「方程式を解く」ことは，まだやらせないことになっています。

ここにも，「小学校算数の中学校数学へ移っていく困難」があるのです。

わたしとしては，中学への準備として，$x+3=8$ や $x\times 4=96$，$x-28=72$，$x\div 7=11$ などの簡単な方程式は解かせる練習をしておいた方がいいと思っています。

これまでも，5年生で文字がでてくるところから，未知数や方程式をやさしくかみくだいて教えていますが，無理なところはありません。

それで，3人目の子が初めにもらった数 $x = 45 \div 9 = 5$

（個）と計算できます。

あとは，さっきのひとりひとりのもらった「**数を表す式に x ＝5を〈代入〉すれば**」，答えが出ます。ここで，「**〈代入する〉という言葉も意味も含めてきちんと教えておく**」のです。わからないことはありませんから。

中学の〔図形〕の代表は，〔論証〕です。これは，子どもたちが苦手とすることのひとつです。

中学でますます「数学嫌い」になることや，「〔論証〕を苦手とする」ということを考えてみると，小学校の算数にもっと，「**図形を〈説明する〉**」問題を入れておかないといけないでしょう。

つぎの図形の〈説明〉問題も，考えたことがあるか・ないかで，問題に向かう意欲や〈説明〉に大きな違いが出てくるのです。

おもしろ算数 6年生-7　この図形は？

つぎの図形を，文章による〈説明〉で相手に正しく伝えるとしたらどのように〈説明〉しますか。

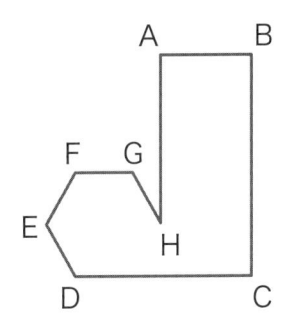

```
        A     B

     F  G
   E
           H
      D     C
```

答え

いろいろな〈説明〉があります。

　この問題は，観察する態度（「何をどう見ているか」）を知るのにいい問題です。また，〈観察の抽象度〉を見るうえでもおもしろい問題です。

　この問題，植島氏の先の本によれば，ベイトソン（Gregory Batoson）の『精神と自然——生きた世界の認識論』（思索社）に出されている問題で，学生にやらせてみて，解答をいくつかのカテゴリーに分けているそうです。

　同じように，子どもにやらせたとしたら，どのような種類の解答が出てくるでしょうか。

① 低学年の子のほうが喜んで答えるでしょう。「ブーツ」と。「サンタさんの贈り物のブーツ」というかもしれません。日常によく触れているものから，「**連想して〈説明する〉**」でしょう。

② 高学年でなまじ〔図形〕の勉強をしていると，「なかなか答えなくなり」ます。どうしてかというと，「どう答えるのが正解か」を探すからです。日本の子どもは，この「どう答えるのが正解か」という意識を小学校で上の学年に行くほど強化されてくるので，どうしても「引っ込み思案に」なり，「返事をしなくなる」のです。「長方形と六角形がくっついたもの」という説明がせいぜいでしょうか。

　これは，大学生になってもそんなに変わりがないような気がします。

③ 大学生の多くが答えたのもこの答えだそうです。おそらく，

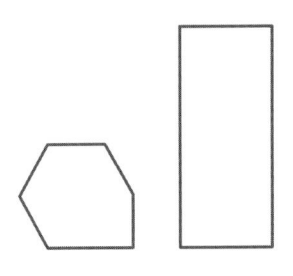

上図をイメージしたもので，「長方形らしきものと六角形らしきものからなる」という，きわめて「感覚的な答え」で，小学生とそんなに変わりません。つまり，外国の大学でも，大学生の〔数学的説明力〕というのは日本とそんなに変わらないということなのでしょう。

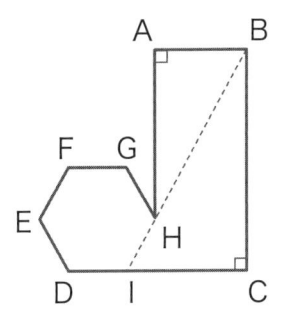

④③のもう少し〔数学的〕なのが，上図をイメージした〈説明〉です。「線分 BH を延長した補助線が線分 DC と交わる点を I とすると，多角形 DEFGHI が正六角形になっている」ということに気づいた〈説明〉で，「正六角形 DEFGHI に，正六角形の辺 IH を延長した線分 IB を斜辺とする直角三角形 ICB と線分 HB を斜辺とする直角三角形 HBA を組み合わせた図形 ABCDEFGH」というものです。

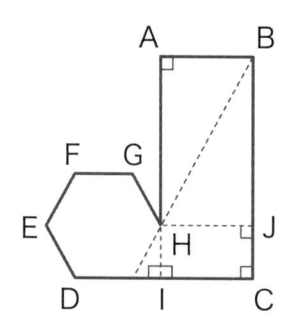

⑤ 几帳面な子は,「もっと細かく〔よく知られている図形〕に上図のように分けて組み合わせ〈説明〉するというものです。子どもは,こういうふうに「細かく分けること」が大好きです。つまり,モノゴトの細部にこだわって観察する」のです。

⑥ すこし,見方を変えたのがつぎの〈説明〉です。それはこの図形を,「アリが歩いたあとの道と見て!〔道順〕を説明するように」〈説明する〉というものです。

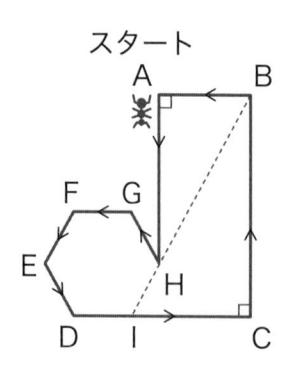

ベイトソンが問題を出した学生ではこういう答えがあったそうですが,日本ではおそらくほとんどないでしょう。

なぜかというと,「動きを説明することに慣れていない」からです。

さらに,この図形の場合,長さに無理数が出てくるので,その

説明で書くことがむずかしくなってきます。

この問題では,「〈説明する〉ために図形をどう見るか」が試されています。じつは,〈説明力〉もさることながら〈図形観察力〉が問われているのです。

このように,〈説明〉と〈観察〉というのは切っても切れない力なのです。**〈説明力〉をつけるためには〈観察力〉をつけなければならない**のです。

では,その苦手な「動きを観察して,説明する」問題をやってみましょう。

この種類の問題は,世界でもたくさんあります。たとえば,5年生でやった「川渡り問題」などもそうですね。

おもしろ算数 6年生-8 アリの通り道

図の直方体の木の点Aにアリがいます。点Gのところに砂糖があります。
アリが最短のルートを通って砂糖のところまでいくにはどういけばいいでしょうか。

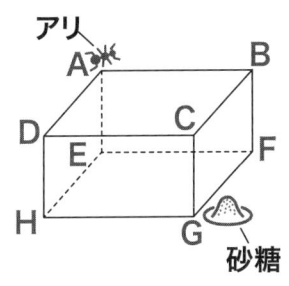

答え

大まかには　　　　　〈数学的〉には，〔展開図〕で

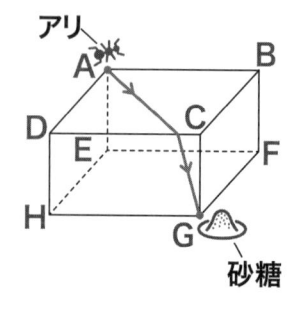

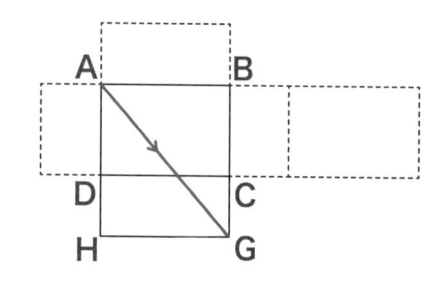

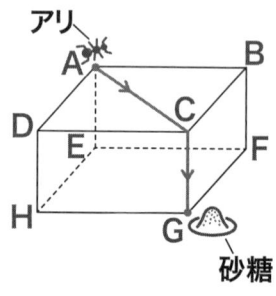

（図：立方体ABCD-EFGHで，アリがAからC経由でGへ行く経路／展開図でAからGへ直線）

（図：立方体でアリがAからC経由でGへ至る経路）

こういう問題，子どもたちは嫌いではなく，左の答えを，すぐに持ってくるのですが，〈数学的に考えて〉ではなく，例の〈算数的カン〉でやってきます。

「どうしてこれが最短なの」ときいても答えられません。

「**数学的に考えてこれが最短であること**」が〈説明〉できなければいけません。つまり，「**すべての可能性を考えて，こうであるということを証明する**」のです。

こういう〈証明の仕方〉を，〈演繹的に証明する〉といいます。

すると，算数の得意な子が「だって点Aから点Cにいくには，線分ACが最短でしょ。また，点Cから点Gにいくのも，当然線分CGが最短でしょ」といいます。

なるほど，説明としては〈数学的〉です。「2点間の最短距離は直線である」という〈数学的きまり〉にものっとっていますし，

〈説明の仕方〉も論理的です。

しかし,「AからCを通ってGに行く道が最短」だと〈説明〉していませんし,最初から「それが最短」だと思い込んでいます。

そういうふだんの感覚的に誤った思い込みや常識から,すこし自由にしてくれるような算数から数学への「頭のスイッチ切り替え問題」をいくつかやってみましょう。

おもしろ算数 6年生-9 にせ金さがし

同じ形の硬貨が9枚あります。そのなかに1枚にせ金が入っています。
そのにせ金は他の金よりわずかに重さが軽いのです。
そのにせ金を,図のようなてんびんで,分銅を使わないで,できるだけ少ない回数ではかるにはどうはかるかを説明してください。

答え

2回で見つけられる。見つけ方は、まず、硬貨を3枚ずつ3つに分ける。

1回目　そのうちの2つのかたまり3枚ずつをてんびんにかける。
A：もし同じ重さの場合…この2つのかたまりの6枚の硬貨の中にはにせ金はないのだから、
2回目　残った3枚のうち2枚をてんびんにかける。
A：もし同じ重さの場合…残った1枚が〔にせ金〕
B：もしちがう重さの場合…軽い方が〔にせ金〕（ここまでの場合終了）
B：もしちがう重さの場合
2回目　軽いほうの3枚のうち2枚をてんびんにかける
A：もし同じ重さの場合…残った1枚が〔にせ金〕
B：もしちがう重さの場合…軽い方が〔にせ金〕（これですべての場合終了）

これまでの問題の中でいちばん「答えが説明しにくい」問題ではありませんか？

それは、〔演繹的説明〕に慣れていないからです。

〔演繹〕というのは、簡単にいうと、「犯人捜し」です。

「**あらゆる可能性を想定して、証拠を示して、最終的に〔犯人〕をつきとめていく**」シャーロックホームズかポワレのような「**探偵をすること**」なのです。

このにせ金という〔犯人〕も、「あらゆる場合を想定」します。もれがないようにしなければなりません。

そのとき、使うのが「**仮定と結論**」という考え方なのです。

「もし…だと仮定したら，〜という結論になる」という論理です。

その探偵の推理物の問題をやってみましょう。

おもしろ算数 6年生-10 正面の人が犯人だ

コナンが容疑者を1つの部屋に追い詰めました。彼女たちはテーブルについています。
容疑者たちは疑いをかけられているので，全員ウソをいっています。
コナンは，「Aの正面に座った人が犯人だ」といいました。
容疑者たちのいっていることから犯人を見つけなさい。

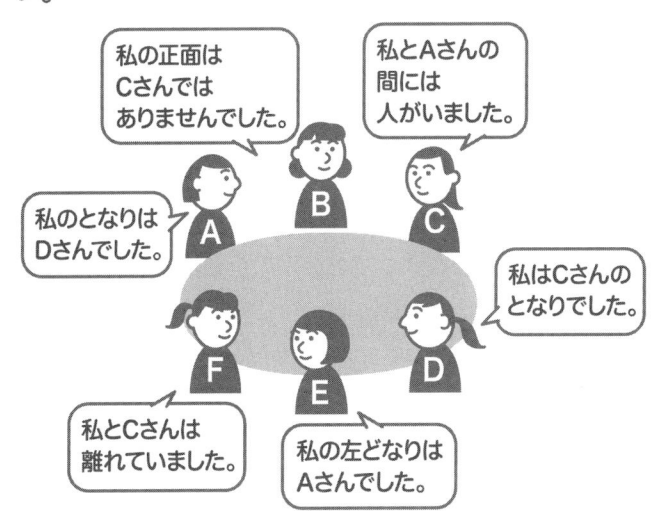

- A: 私のとなりはDさんでした。
- B: 私の正面はCさんではありませんでした。
- C: 私とAさんの間には人がいました。
- D: 私はCさんのとなりでした。
- E: 私の左どなりはAさんでした。
- F: 私とCさんは離れていました。

答え

Dさん

　こういう問題を〔論理の問題〕といいます。

　むかし，「数学の現代化」が叫ばれたとき，小学校でも，「集合と論理」を教えたことがあります。

　批判ごうごうで，じきになくなりました。

　しかし，わたしは，今の子どもたちがこれだけ日常生活から〔論理〕がなくなり，「考えること」「記憶すること」の必要性がなくなり〈数学身体知〉を失ってしまっている状況を考えると，どこかで，**問題を解くための最低限の「集合や論理」を教えなければならない**と思っています。

　たとえば，この問題を解こうとするときに使う，〈演繹的考え方〉，〈仮定と結論〉，そして，これから，使う〈**否定**〉などです。

　これからの問題は，「**数学的に読まれ**」，〈**数学的翻訳**〉がなされなければ解けません。

　まず，問題文に「全員ウソをいっています」とありますから，これを，〈数学的に読み取る〉と，全員のいっていることを〈否定〉した文にする必要があります。

　数学では，〈否定命題〉とむずかしそうな名前でいうのですが，要は，「風が吹いている（命題）——〈否定〉⟶ 風が吹いていない（否定命題）」と書き換えるだけのことです。

　子どもたちは，この「書き換えるだけでいい」ことが，「やっていいかどうかわからない」し，「どうやっていいかわからない」ので，手がつかないのです。

「左の文章」を〈否定する〉数学的翻訳をして,「右の文章」に書き換えます。

①「A:私のとなりはDさんでした」→「AのとなりはDではない」

②「B:私の正面はCさんではありませんでした」→「Bの正面がCだ」

ここまでなら,〈否定〉の翻訳はなんとかできます。ところが,

③「C:私とAさんの間には人がいました」→「CのとなりがAだ」となると,もうこういう〈数学的翻訳〉ができなくなるのです。③を「CとAの間には人がいませんでした」と訳すのはいいとしても,最終目的の「全員の座っている位置関係をはっきりさせる」という点からは,もっと翻訳して上の訳の方がいいのです。

④「E:私の左どなりはAさんでした」→「Eの左どなりはAではない」

⑤「F:私とCさんは離れていました」→「FとCはとなりどうしだった」

この翻訳した〔証言〕をもとに,〈演繹的〉に推理していくわけです。

やり方がわかってしまえば,「論証も楽しい」と思いませんか。

次ページの図のように,〔証言〕から確定できる位置(濃い太字)を決めていきます。

②から,「Bの正面はC」,③から,「CのとなりはA」(右か左)

④から,「AはCの左どなり」「AはEの右どなり」が確定。

⑤から,「Cの右どなりがF」となり,「残ったところがD」で,これは,証言①にも合致している。

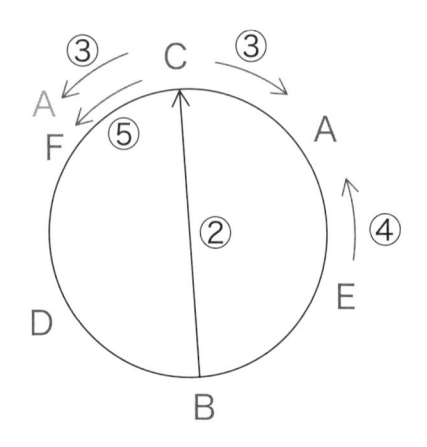

すると、図からAの正面はDであることがわかり、「Dが犯人」という結論になります。

〔論証〕というのは、「確定した〔命題〕（証言の文）を、このように、論理的に図や表にあらわして、考えやすい形にして〈結論〉を出す」ものです。

先ほどの問題で、「**数学は私たちを思い込みから自由にする**」といいました。

わたしたちの日常では、残念ながら「聞いてみるとなるほどと思い、だまされてしまうこと」がたくさんあります。

それも、「思い込んで」とか、「とらわれて」、「そうだと思ってしまっている」という、物事を状況に応じて的確に判断することができないという自信のなさからきているのではないかと思われます。

〔川渡りパズル問題〕をだした中世イギリスのアルクイン僧は、「**数学は若者の心を鍛える**」といいました。

わたしは、「**願わくば、中学からの〔数学〕が若者の判断力を**

鍛える」ものになってほしいのです。

そんな,「思い込みから解き放たれて,判断力を鍛える」ことができるかどうか,つぎの問題をやってください。

おもしろ算数 6年生-11　100m競走

A, B, Cの3人が100m競走をしました。3人はそれぞれ一定の速さで走るとします。
Aがゴールインしたときは, Bは4m後ろにいました。
また, Bがゴールインしたときは, Cは5m後ろにいました。
では, Aがゴールインしたとき, CはAの何m後ろにいましたか。

> **答え**

8.8 m

　人より早く答えを出したい子は,「9 m」と答えだけ書いて持ってきます。

　「早く出したい」という思いは, それ以上考えることをやめさせます。子どもたちに,「思い込みから解き放たれて考えさせたい」ときは,「早さ」というプレッシャーをなくしてやることが必要です。

　ほうっておくと子どもたちの9割が,「9 m後ろ」と答えます。なぜかというと, 今の子どもたちは,「早く出した子にならう」からです。そして, 大勢に流されるのです。「寄らば大樹の陰」ではないですが,「寄らば早いものの陰」とばかりに。

　少し考え深い子だけが,「9 mみたいに思えるけど, ちがうな」というふうに感じます。

　この感覚こそ〔数学身体知〕です。**「単純に考えるとそう思えるけれど, きちんと数学的に考えるとちがうかもしれないな」**と思う感覚です。

　「早くなくてもいい」,**「人と違ってもいい」**という, ある意味**「自分は自分」**というマイペースな考え方が必要なのです。それが,**「ちょっとはなれて自分自身を見て問題を解く」**ということです。

　さて, チョット冷静に問題文を読んでみると,「Aがゴールしたとき Bは 4 m 後ろにいた」と書いてあるけれど,「そのとき, Cはもう 5 m 後ろにいた」とは書いてありません。

多くの子が，早く答えを出したい思いから，問題文を，「Aがゴールインしたとき，Bは4m後ろにいて，さらに，Cは5m後ろにいた」と「読みたい」のです。

　つまり，問題文を自分に都合よく読んでしまうのです。そして，「自分で何をしているかわからなくなる」のです。

　「9m」と答えた子に，「ちがいます」といっても，なかなか納得してもらえません。なぜかというと，「自分が読み間違えていること」を納得していないからです。

　「思い込み・読み違え」から解き放たれるためには，やはり，**「問題文を数学的に読みなおす」**という以外にありません。

　つまり，「Aがゴールインしたとき，Cは9m後ろにいた」という**「思い込み」の何が違うか**ということに気づくことです。

　「Aがゴールインしたとき，Bは4m後ろにいた」というのは，確かです。

　でも，「Aがゴールインしたとき，CはBの5m後ろにいた」というのが思い込みであり間違いなのです。「Aがゴールインしたとき，CはBの5m後ろにいたのではない」というのが**正しい〈数学的読み取り〉**で，そこを，**数学的に確かめ**なければいけないのです。

　問題は，「Aがゴールインしたとき，CはBの何m後ろにいたか」という問題になってきて，じつは，これが，初めの問題文なのです。

　ですから，初めから「思い込みから解き放たれて」問題にあたっていれば，簡単に解けたのです。

　それでも，まだ，次の課題があります。それは，「比や割合ということの**数学的意味を理解できているか**」ということです。それも，マニュアルで速さの公式を理解していても，それをうまく

使いこなすことができなければ何にもなりません。

　公式ではなく，「**ここから先は速さの考え方で解くんだ**」ということに気がつかなければ解けないということです。

　「Aがゴールインしたとき，CはBの何ｍ後ろだったか」という問題を，速さや割合の問題として〈**読み替える**〉と，「Aが１００ｍ走ったとき，Cは何ｍ走っているか」という問題に〈**書き換えられ**〉ます。これはすぐには出ません。

　そして，これを**わかっていることから，〈さらに書き換える〉**のです。

　「Aが１００ｍ走ったとき，Bは９６ｍ走る」ということはわかっていますから，「Bが９６ｍ走ったときCは何ｍ走るか」と**AとCの間にわかっているBを持ってくる**のです。

　ここから先は，比の考え方で，「Bが１００ｍ走る間にCは９５ｍ走る。この割合で走るとすると，Bが９６ｍ走る間にCは何ｍ走るか」という問題を解くことになります。

　「１００：９５＝９６：□を解く」で出せますし，「９５×$\frac{96}{100}$」でも出せます。これを計算すると，「Aが１００ｍ走る間に，Cは９１.２ｍ走る」ことになり，１００－９１.２＝８.８（ｍ）と答えが出せます。

　思い込みから解き放たれるというのは，じつはこのように，大変なことなのです。

　すぐに，解き放たれるわけではないので，まずは，「**こういう考える手順のどこらへんでくじけてしまうかを〈知る〉こと**」**から始める**といいでしょう。

中学校で勉強する有名な定理に,「ピタゴラスの定理」(三平方の定理) があります。

この定理, じつは, 小学校の〔算数〕と中学校の〔数学〕の「**架け橋**」になっているとわたしは思っています。

最後に, この「架け橋」の問題をやって締めくくりましょう。

日本では, ピタゴラスの定理というと, 出てくるのは中学以降ときまっていますし, 中学の教科書では何と中学3年に出てきます。

ところが, 外国のパズル本を見ていると小学校でもバンバンでてきています。この違いは何なんでしょう。パズルの王様デュードニーの問題から。

おもしろ算数 6年生-12 切断パズル

図のようなタテ1cm, ヨコ5cmの長方形を, 5つに切って, それを組み合わせて, 右のような正方形にすることができます。どう組み合わせますか。また, この正方形の面積を求めなさい。

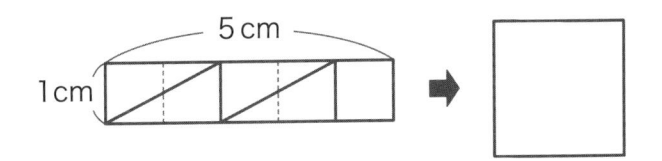

> 答え

正方形の面積は5cm²

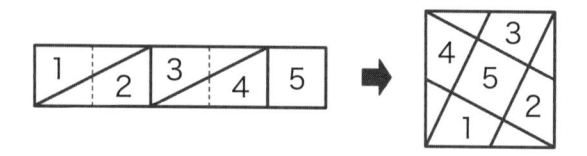

これを，**小学校算数と中学校数学の「架け橋」**としたわけがわかるでしょうか。

じつは，この本の2年生のところで同じ問題が出ています。気がつかれた方もいるでしょう。しかも，戦前の教科書『尋常小學算術第二學年下』に出ているのです。

今の教科書ではこれは「のせてはいけない内容」としてチェックされます。

外国でも，「ピタゴラスの定理」は当然中学以降に出てくる内容です。

では，なぜ，〔緑表紙〕や〔外国のパズル〕では，この問題を子どもたちにやらせようとしているのでしょう。

それは，子どもたちに**中学校で生きてくる〈算数身体知〉を小さいうちからつけさせようとしているから**です。

また，こういう，「**カンでわかる算数身体知**」は小さいうちだからこそつちかい・磨かれる力なのです。

そういう，「**図形での〈算数身体知〉としてわかる力**」を中学では今度は「**〈代数的説明〉**として数学的に結びつけていく」のです。それこそ，中学ならではの〈数学身体知〉です。

この問題の初めの，「正方形に組み合わせる」ことができても，

後の「正方形の面積を出しなさい」ができない高学年の子がいます。

なぜできないのかというと,「正方形の1辺の長さがわからないから」だそうです。

信じられないかもしれませんが,「等積変形をしていながら面積がわからない」のです。

つまり,「正方形の面積は1辺×1辺でないと出せない」と思っているのです。

「同じである作業をしていながら,同じ大きさであることがわからなくなっている」のです。

この問題は,中学の数学をやるにあたって,こういう**「マニュアル主義」を打ち破っていく**のにちょうどいいのです。

また,中学で学ぶ**「幾何と代数の結びつきをあらわす〈代数的表現〉」**の練習にもなっています。

つまり,この問題は図のように,〈図形的〉には,「直角三角形において,直角をはさむ2辺が作る正方形2つは,斜辺が作る正方形に等積変形できる」という〔ピタゴラスの定理〕**の数学的表現**なのです。

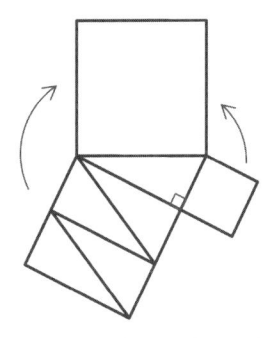

しかも,それを,〈**代数的**〉には,「(斜辺)×(斜辺) ＝ (直角をはさむ辺(小))×(直角をはさむ辺(小))＋(直角をはさむ辺(大))

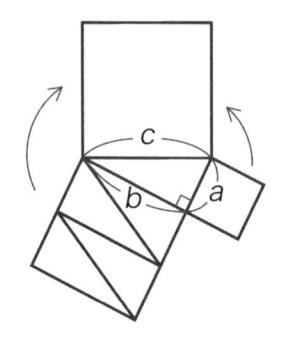

×(直角をはさむ辺(大)) と表現され，〈文字式〉で表すと「$a^2 + b^2 = c^2$」というおなじみの〔ピタゴラスの定理〕になって，「**〈図形的表現〉と 〈代数的表現〉の結びつき**」という中学の数学ならではの姿を見ることができます。

しかも，

「一番大きい正方形の面積は $5\,\mathrm{cm}^2$ です。では，この正方形の1辺の長さは何 cm になるでしょう」

という問題を考えさせることもできます。

中学の〔無理数〕に触れさせることができるのです！

しかも，もうすでに x で方程式を立てることはやっていますから，〈数学的翻訳〉をやって，「$x^2 = 5$ を解きなさい」という問題に変えて考えることができます。

ここで〈無理数〉という言葉を出しますが，深入りはしません。もったいをつけて「**中学の数学への期待につなげる**」のです。

こう考えると，〔中学の数学〕の「ふかいことを　おもしろく学ぶ」期待がどんどん高まっていくような気がしてワクワクしませんか？

チェックシート

		1回目	2回目
1	1-1		
2	1-2		
3	1-3		
4	1-4		
5	1-5		
6	1-6		
7	1-7		
8	1-8		
9	1-9		
10	1-10		
11	1-11		
12	1-12		
13	2-1		
14	2-2		
15	2-3		
16	2-4		
17	3-5		
18	2-6		
19	2-7		
20	2-8		
21	2-9		
22	2-10		
23	2-11		
24	2-12		
25	2-13		
26	2-14		
27	3-1		
28	3-2		
29	3-3		
30	3-4		
31	3-5		
32	3-6		
33	3-7		
34	3-8		
35	3-9		
36	3-10		
37	3-11		
38	3-12		
39	3-13		

		1回目	2回目
40	4-1		
41	4-2		
42	4-3		
43	4-4		
44	4-5		
45	4-6		
46	4-7		
47	4-8		
48	4-9		
49	4-10		
50	4-11		
51	4-12		
52	4-13		
53	5-1		
54	5-2		
55	5-3		
56	5-4		
57	5-5		
58	5-6		
59	5-7		
60	5-8		
61	5-9		
62	5-10		
63	5-11		
64	5-12		
65	5-13		
66	6-1		
67	6-2		
68	6-3		
69	6-4		
70	6-5		
71	6-6		
72	6-7		
73	6-8		
74	6-9		
75	6-10		
76	6-11		
77	6-12		

おもしろ算数の出典

1年生

1-1 メイツ出版『親子で挑戦!! おもしろ算数パズル』算数パズル研究会著, p.22

1-5 メイツ出版『親子で挑戦!! おもしろ算数パズル』算数パズル研究会著, p.54

1-8 東京堂出版『算数パズル事典』上野富美夫編, p.108

1-9 太平出版社『さんすうゲーム』藤沢市算数教育研究会著, p.83

1-12 さえら書房『算数・数学——パズルと手品』R.M. シャープ, S. メッツナー著, 山崎直美訳, p.11

2年生

2-2 丸善『数学センス?——数・マッチ棒・図形のパズル』コルディムスキー著, 鈴木敏則訳, p.17

2-3 東京書籍『新しい算数2年下』p.16

2-4 文部省『尋常小學算術第一學年兒童用下』p.57

2-5 さえら書房『算数・数学——パズルと手品』R.M. シャープ, S. メッツナー著, 山崎直美訳, p.13

2-7 東京堂出版『数学パズル事典』上野富美夫編, p.119

2-8 ポプラ社『知識の王様9 算数——ボク&わたし知っているつもり?』田中つとむ, 雅麗著, p.181

2-9 さえら書房『算数・数学——パズルと手品』R.M. シャープ, S. メッツナー著, 山崎直美訳, p. 20

2-10 文部省『尋常小學算術第二學年兒童用下』p.4

2-11 成美堂出版『脳細胞に効く算数・図形パズル——名作・新作パズルがいっぱい』川崎光徳, オオハラヒデキ著, p. 27

2-12 成美堂出版『脳細胞に効く算数・図形パズル——名作・新作パズルがいっぱい』川崎光徳, オオハラヒデキ著, p.36

2-13 さえら書房『算数・数学——パズルと手品』R.M. シャープ, S. メッツナー著, 山崎直美訳, p. 26

3年生

3-1 成美堂出版『脳細胞に効く算数・図形パズル——名作・新作パズルがいっぱい』川崎光徳, オオハラヒデキ著, p.23

3-4 文部省『尋常小學算術第三學年兒童用下』p.80

3-7 ポプラ社『知識の王様9 算数——ボク&わたし知っているつもり?』田中つとむ, 雅麗著, p.185

3-8 文潮出版『数学おもしろブック——頭のモヤモヤを吹き飛ばそう』岡田康彦著, p.140

3-9 メイツ出版『親子で挑戦!! おもしろ算数パズル』算数パズル研究会著, p.16

3-12 メイツ出版『楽しくできる! 小学生の算数パズル1・2・3年生』算数パズル研究会著, p.44-45

3-13 文部省『尋常小學算術第三學年兒童用上』p.19

4年生

4-2 メイツ出版『楽しくできる! 小学生の算数パズル4・5・6年生』算数パズル研究会著, p.16

4-3 文部省『尋常小學算術第四學年兒童用上』p.72

4-4 丸善『数学センス?——数・マッチ棒・図形のパズル』コルディムスキー著, 鈴木敏則訳, p.17

4-5 文研出版『のばす算数 小学高学年用』文研出版編集部著, p.376

4-6 メイツ出版『楽しくできる! 小学生の算数パズル4・5・6年生』算数パズル研究会著, p.14

4-12 ダイヤモンド社『パズルの王様〈1〉』デュードニー著, 藤村幸三郎, 林一訳, p.116

4-13 日本大学豊山中学入試問題

5年生

5-2 ポプラ社『知識の王様9 算数——ボク&わたし知っているつもり?』田中つとむ, 雅麗著, p.189

5-4 ノートルダム女学院中学入試問題

5-5 　横浜国立大学附属横浜中学入試問題
5-7 　東京堂出版『算数パズル事典』上野富美夫著, p.138
5-8 　文部省『尋常小學算術第四學年兒童用下』p.30
5-10　文部省『尋常小学算術第六學年兒童用下』p.76
5-12　土佐塾中学入試問題
5-13　数研出版『学ぼう!算数——考える力がどんどん身につく　高学年用5年生』岡部恒冶, 西村和雄著, p.148

6年生

6-1 　丸善『数学センス?——数・マッチ棒・図形のパズル』コルディムスキー著, 鈴木敏則訳, p.63
6-3 　メイツ出版『親子で挑戦!!　おもしろ算数パズル』算数パズル研究会著, p.79
6-5 　実務教育出版『アルキメデスの発想術——ひらめきで解くおもしろ数学入門』岡部恒冶著, p.91
6-7 　思索社『精神と自然——生きた世界の認識論』ベイトソン著, 佐藤良明訳
6-8 　日本評論社『数学パズルで遊ぼう』木村良夫著, p.94
6-9 　丸善『数学センス?——数・マッチ棒・図形のパズル』コルディムスキー著, 鈴木敏則訳, p.15
6-10　和洋九段女子中学入学試験問題
6-11　関西学院大学中等部入試問題
6-12　ダイヤモンド社『パズルの王様〈1〉』デュードニー著, 藤村幸三郎, 林一訳, p.122

有田八州穂 ありた・やすほ

1949年東京生まれ。小中高を東京の公立校で過ごし，1968年横浜国立大学教育学部（現・教育人間科学部）数学科入学。卒業後，東京都の公立小学校教員として，世田谷区，三鷹市，八王子市，調布市，杉並区，多摩市で36年間にわたり学級担任を務める。2010年定年退職。その後，多摩市立大松台小学校で非常勤教諭として算数等の授業をするかたわら，四日市大学関孝和数学研究所研究員として算数数学教育の研究にあたる。現在，国際教育学会理事・フェロー，日本総合学習学会理事。主な著書に，共著として『分数ができない大学生』（東洋経済新報社），『文科系学生のための数学教室』（有斐閣），『学ぼう！ 算数』（数研出版），共訳に『数学を築いた天才たち』（講談社ブルーバックス）など。算数数学教育関係の本だけでなく，『カウンセリング事典』（新曜社，分担執筆），『芽生えを育む授業づくり・学級づくり』（明治図書出版，分担執筆）などにもかかわり，雑誌や新聞，テレビで学力低下問題など教育問題にかかわる発言を積極的に行っている。

有田先生のおもしろ算数
1日10分のパズルに挑戦

2014年7月15日　第1版第1刷発行

著　　者　有田八州穂

発行者　串崎　浩

発行所　株式会社 日本評論社
　　　　〒170-8474 東京都豊島区南大塚3-12-4
　　　　電話 03-3987-8621（販売）　03-3987-8599（編集）

印　　刷　精文堂印刷株式会社

製　　本　株式会社難波製本

ブックデザイン　原田恵都子（ハラダ＋ハラダ）

©Yasuho Arita 2014　ISBN 978-4-535-78723-0　Printed in Japan

JCOPY ＜(社)出版者著作権管理機構 委託出版物＞
本書の無断複写は著作権法上での例外を除き禁じられています．複写される場合は，そのつど事前に，(社)出版者著作権管理機構（電話 03-3513-6969，FAX 03-3513-6979，e-mail:info@jcopy.or.jp）の許諾を得てください．また，本書を代行業者等の第三者に依頼してスキャニング等の行為によりデジタル化することは，個人の家庭内の利用であっても，一切認められておりません．

子どもを賢くする よくわかる算数の授業

シリーズ 全5巻

銀林 浩・増島髙敬・加川博道 [編]

◆各本体1,700円+税

たし算とひき算
子どもが考えながらつくりあげる、いきいきとした授業を紹介。

かけ算とわり算
九九の暗記を強制しないで、楽しく学ぶ事例を紹介。

小数と分数
子どもたち自身によって小数を発見する授業などを紹介。

割合・図形
考え方を育み理解する授業をとおして比例、図形を学ぶ。

割合・図形
考え方を育み理解する授業をとおして比例、図形を学ぶ。

よしざわ先生の「なぜ?」に答える数の本

シリーズ 全4巻

芳沢光雄 [文] **さとう ゆり** [絵] ◆各本体1,450円+税

❶ 誕生日当てクイズっておもしろい
数と計算のしくみ

❷ じゃんけんの算数
樹形図と確率の考えかた

❸ つぎつぎと増えていく利息
数でとらえる量の変化

❹ 立方体を切ってみよう
いろいろな図形

日本評論社
http://www.nippyo.co.jp/